Verlag Podszun-Motorbücher GmbH
Elisabethstraße 23-25, D-59929 Brilon
Internet: www.podszun-verlag.de
Email: info@podszun-verlag.de

Herstellung Druckhaus Cramer, Greven

ISBN 3-86133-397-X

Titelfotos: Ulf Böhringer (oben links), Jürgen Nöll (oben rechts)
Rückseite: Manfred Nabinger

Jahrbuch 2006 Motorräder

PODSZUN

Liebe Leserin, lieber Leser!

Wir freuen uns sehr, Ihnen wieder eine bunte Mischung unterschiedlicher Themen rund um das Hobby Motorrad anbieten zu können. Dank gilt allen Autoren und Bildgebern, die in den letzten Monaten engagiert und mit Tempo gearbeitet haben, damit dieses Jahrbuch rechtzeitig zur Frankfurter Buchmesse 2005 erscheinen kann. Ein technischer Hinweis: Abbildungen, die nicht von den Autoren stammen, sind jeweils mit dem Namen des Bildgebers gekennzeichnet.

Damit die Autoren nicht nur als pure Namen erscheinen, hier das Wichtigste in Kürze. Manfred Nabinger ist freier Journalist und schreibt unter anderem für die Zeitschrift "Oldtimer-Markt". Auch als Buchautor zum Thema Motorräder hat sich Manfred Nabinger einen Namen gemacht. In unserem Verlag sind mehrere Bücher von ihm erschienen (siehe Seite 142). Ulf Böhringer betreibt ein Redaktionsbüro und versorgt mehrere Publikationen, unter anderem die „Süddeutsche Zeitung", mit Berichten und Tests über Motorräder. Thomas Reinwald ist freier Autor und hat bereits vier Bücher über Motorrad-Historie verfaßt (siehe auch Seite 142). Ein bekannter Experte in Sachen Oldtimer ist Jürgen Nöll, Mitglied des Vorstandes des renommierten Veteranen-Fahrzeug-Verbandes e.V.

Ihnen, liebe Leserin, lieber Leser, wünschen wir viel Vergnügen mit dem Jahrbuch und nicht vergessen: das nächste Jahrbuch, die Ausgabe 2007, ist im Oktober 2006 erhältlich. Falls Sie selbst einmal für das Jahrbuch zur Feder greifen möchten, seltenes Bildmaterial zur Verfügung stellen können, Kritik oder Anregungen anbringen möchten, schreiben Sie uns an untenstehende Adresse. Wir freuen uns auf den Kontakt mit Ihnen.

Ihr Redaktionsteam "Jahrbuch Motorräder"

P.S.

Sie können das Jahrbuch in Buchhandlungen oder direkt beim Verlag auch abonnieren. Von den Ausgaben 1998, 2000, 2001, 2002, 2003, 2004 und 2005 sind noch einige Exemplare lieferbar. Fordern Sie unser kostenloses Gesamtverzeichnis an mit Büchern über Motorräder, Autos, Traktoren, Feuerwehrfahrzeuge, Lastwagen, Lokomotiven und Baumaschinen:

Verlag Podszun-Motorbücher, Elisabethstraße 23-25, D-59929 Brilon
Fax 02961 / 2508, info@podszun-verlag.de, www.podszun-verlag.de

Modellfeuerwerk

Motorrad-Neuheiten 2005

von Ulf Böhringer

Wer unmittelbar nach der Intermot in München einen Ausblick auf das Motorradjahr 2005 gemacht hat, sollte sich noch wundern: Mit den – letztmals – in den Münchener Messehallen gezeigten neuen Modellen sollte es nämlich noch lange nicht sein Bewenden haben. Wie wohl niemals zuvor in der langen Geschichte der Modellpräsentationen zauberte die Zweiradindustrie in der Zeit nach der „Weltmesse des Motorrads" immer wieder neue Modelle aus dem Zylinder. Fast ist es unmöglich geworden, zwischen 2005er und 2006er Modellen zu unterscheiden, denn bis zum Redaktionsschluss des Jahrbuchs Motorräder Ende Juli 2005 verging kein einziger Monat, in dem nicht eine weitere Neuheit vorgestellt worden wäre.

Alleine die Vielzahl der neu vorgestellten oder tiefgreifend veränderten Modelle zeigt jedoch nicht auf, wie es um den Motorradmarkt 2005 tatsächlich steht. Mit dem Ende des ersten Halbjahrs, also Ende Juni, ist noch immer kein Ende der anhaltend negativen Entwicklung bei den Neuzulassungen erkennbar; die Statistik des Kraftfahrtbundesamtes weist im Vergleich zum Vorjahr einen knapp siebenprozentigen Rückgang der Zahlen aus. Damit dürfte das Jahr 2005 das sechste Jahr in Folge werden, in dem die Motorrad-Neuzulassungen rückläufig sind.

Rückblick auf das Jahr 2004

Bevor wir uns eingehend mit dem Modelljahr 2005 beschäftigen, soll aber erst einmal das Modelljahr 2004 aufgearbeitet werden. Stramme acht Prozent betrug das Minus für das Gesamtjahr, als man schließlich Bilanz zog; das ist der vergleichsweise größte prozentuale Rückgang, seitdem im Jahr 2000 der Negativ-Trend eingesetzt hat. Rund 127.600 Neuzulassungen bedeuten in absoluten Zahlen, dass

Starkes Naked Bike mit extrem kurzhubigem V2-Triebwerk: Moto Morini Corsaro 1200 mit 140 PS

Buell XB9SX mit 84 PS

11.000 Motorräder über 125 ccm weniger als im Vorjahr in den Verkehr gebracht worden sind. Seit dem Rekordjahr 1999 ist der Motorradmarkt in Deutschland nunmehr um ein Drittel geschrumpft; in absoluten Zahlen lautet das Minus 60.000 Fahrzeuge.

Viele Verlierer, wenige Gewinner

Nur wenige Hersteller konnten 2004 gegenüber dem Vorjahr steigende Zulassungszahlen präsentieren. In erster Linie hatte Weltmarktführer Honda Grund zur Freude: mit fast 23.000 Fahrzeugen wurde ein Plus von rund 1.500 erzielt. In erster Linie hatte Honda dies dem überragenden Erfolg der für 2004 neu vorgestellten CBF 600 zu verdanken. Das damals einzige mit ABS lieferbare japanische Mittelklasse-Motorrad verkaufte sich hervorragend und konnte mit 6.132 Stück sogar Platz eins der deutschen Zulassungs-Hitparade belegen. Allerdings kam Honda hier der glückliche Umstand zu Hilfe, dass der Modellwechsel des jahrelangen Seriensiegers, der BMW GS, ins späte Frühjahr fiel, weshalb dieses BMW-Modell mit einem Handicap ins (Verkaufs-)Rennen ging. Auch die für 2004 grundlegend überarbeitete „Fireblade" – sie heißt nach ihrer Hubraumaufstockung ja korrekt CBR 1000 RR – schaffte es in Deutschland, unter die Top Ten zu kommen und trug damit nicht unwesentlich zum guten Abschneiden von Honda bei. Dank der im Vergleich zum Jahr 2003 positiven Zahlen stieg 2004 der Marktanteil von Honda in Deutschland von bescheidenen 15,5 auf immerhin 18 Prozent, was Platz zwei in der Hersteller-Rangliste und eine Verbesserung um gleich zwei Plätze bedeutet.

Buell erstmals über 1.000 Einheiten

Ebenfalls bessere Zahlen als im Jahr 2003 konnte im Vorjahr der US-Hersteller Buell ausweisen, Tochter der riesigen Harley-Davidson Company. Im Lichte absoluter Zahlen (1.250 statt 900 Fahrzeuge) ist das Zulassungsplus von fast 42 Prozent allerdings nicht mehr ganz so eindrucksvoll. Damit hat Buell erstmals seit seiner Präsenz in Deutschland mehr als 1.000 Fahrzeuge hier absetzen können. Zurückzuführen ist die Steigerung auf die ja noch recht neue XB-Modellreihe. Insbesondere die 1200er Modelle können sich im Segment der nackten Streetfighter recht gut in Szene setzen.

Endlich wieder ein Plus für MV Agusta/Cagiva

Mit einem Plus von 54 Prozent konnten die Marken MV Agusta/Cagiva sogar noch mehr zulegen als Buell und in den Jahren zuvor verlorenes Terrain teilweise wieder zurückerobern. 1.300 neu in den Verkehr gebrachte Motorräder entsprechen einem Marktanteil von nunmehr wieder knapp über einem Prozent; 2003 war mit 850 Einheiten beziehungsweise 0,61 Prozent Marktanteil ein schlimmer Tiefpunkt zu registrieren gewesen. Die großen finanziellen Schwierigkeiten der Gruppe scheinen überwunden zu sein, was sich in einer deutlich erhöhten Produktionszahl niederschlug. Damit liegt der Marktanteil von MV Agusta/Cagiva nun annähernd wieder da, wo er schon 2001 gelegen hatte.

BMW mit Rückgang weiter an der Spitze

Mit einem weinenden, aber mehreren lachenden Augen konnte BMW das Jahr 2004 abschließen. Die neun Jahre währende Rekordserie mit stets steigenden Zulassungszahlen ging 2004 zu Ende. Allerdings wurde den Bayern dieser Umstand nicht nur mit einem im Verhältnis zum Gesamtmarkt unterdurchschnittlich hohen Rückgang versüßt, sondern auch mit der Tatsache, dass man die Marktführerschaft (20 Prozent) souverän verteidigen konnte. Und angesichts des vergleichsweise späten Verkaufsstarts der neuen R 1200 GS, Nachfolgemodell des Seriensiegers R 1150 GS, dürfte man mit Platz zwei hinter der erwähnten Honda CBF 600 in der Zulassungs-Hitparade auch nicht unzufrieden gewesen sein; mit über 5.900 neu zugelassenen Fahrzeugen konnte die neue GS ein hervorragendes Ergebnis erreichen.

Erneut schaffte es auch die BMW F 650 GS, sich unter den Top Ten zu platzieren; über 3.700 Neuzulassungen verhalfen ihr zu Rang vier. In seinem letzten Produktionsjahr konnte der Tourer R 1150 RT erneut einen Platz im Spitzenfeld erreichen; rund 2.400 Neuzulassungen bedeuteten immerhin Rang 10. Insgesamt konnte BMW im Vorjahr rund 25.700 Fahrzeuge in Deutschland neu in den Verkehr bringen; 2003 waren es nahezu 27.000 gewesen.

Japans Hersteller schwer unter Druck

Mit Ausnahme von Honda, wo es im Vorjahr wieder aufwärts ging, endete das Jahr 2004 mit teilweise deutlichen Zulassungs-Rückgängen. Während Kawasaki – allerdings auf einem schon sehr niedrigen Niveau – mit einem Minus von 0,5 Prozent noch glimpflich davon kam, erwischte es die größeren Hersteller Suzuki und Yamaha wesentlich härter.

Kawasaki reißt das Steuer herum

Nach Jahren ständiger Rückgänge konnte Kawasaki 2004 seine Position in Deutschland einigermaßen stabilisieren. Vor allem das neu vorgestellte Modell Z 750, eine Vierzylindermaschine mit sehr gutem Preis-/Leistungsverhältnis, verkaufte sich glänzend. Sie konnte rund 2.800mal abgesetzt werden, was ihr Rang acht in der Zulassungs-Statistik einbrachte. Erstaunlich dagegen, dass es das Supersportmodell ZX-10R trotz hervorragender Noten in der Motorradpresse nicht in die Bestenliste geschafft hat.

Yamaha wirkt „ohne Biss"

Mit einem Verlust von 3.000 Fahrzeugen beziehungsweise knapp 14 Prozent im Vergleich zu 2003 hat Yamaha eine ziemlich herbe Schlappe einstecken müssen; es konnten lediglich noch 19.000 Fahrzeuge mit der dreifachen Stimmgabel im Logo zugelassen werden. Das bedeutete beim Marktanteil einen Rückgang um einen Prozentpunkt auf nunmehr knapp 15 Prozent. Yamaha, auf dem Weltmarkt hinter Honda klar an zweiter Stelle, ist damit in Deutschland zweitschwächster japanischer Anbieter. Immerhin finden sich zwei Yamahas unter den bestverkauften Motorradmodellen: Die FZ6 Fazer fand nahezu 3.900 Liebhaber, die supersportliche R1 kam auf beeindruckende 3.500 Stück und war damit vor der Honda Fireblade der am besten verkaufte Supersportler. Die insgesamt mäßigen Yamaha-Zulassungszahlen auf dem deutschen Markt dürften aber nicht zuletzt auch daher rühren, dass Yamaha 2004 mit Ausnahme des Luxustourers FJR 1300 kein einziges Modell mit ABS im Programm hatte.

Kawasaki Z 750 S

Suzuki GSX R 1000

Harley-Davidson Softtail Springer Classic

Suzuki stürzt regelrecht ab

Keinen Anbieter hat das Ergebnis 2004 wohl stärker ernüchtert als den langjährigen deutschen Marktführer Suzuki. Zu Anfang der nun Jahre andauernden Zulassungsrückgänge konnte Suzuki mit seinem gewohnt günstigen Preis-/Leistungsverhältnis noch punkten, als bei den Wettbewerbern längst rückläufige Zahlen registriert werden mussten. Doch 2004 hat es Suzuki voll erwischt; gegenüber dem Vorjahr musste man einen Stückzahlrückgang von 6.000 Fahrzeugen (23 Prozent) auf zuletzt rund 20.500 Motorräder und Roller hinnehmen. Der Marktanteil ist von über 19 auf gerade noch 16 Prozent abgestürzt. Die Gründe für den überdurchschnittlichen Rückgang sind vielfältig; einerseits ist die Kategorie der supersportlichen 600er – Suzuki kam 2004 mit einer neuen GSX-R 600 sowie einer GSX-R 750 – nicht mehr so gefragt wie früher, zum zweiten konnte Suzuki vergangenes Jahr noch kein ABS-Modell anbieten. Auch einstige Verkaufsrenner wie die zweizylindrige SV 650 sind als Folge neuer Modelle anderer Hersteller unter Druck geraten. Möglicherweise muss auch die traditionell besonders preiskritische Suzuki-Klientel angesichts der wirtschaftlichen Situation mehr noch als andere Kundengruppen aufs Geld schauen und stellt den Kauf eines neuen Motorrads zurück. Trotz des schlechten Jahresergebnisses haben es aber immer noch zwei Suzukis unter die Top Ten der Neuzulassungen geschafft: Die GSF 1200 Bandit, für 2004 stark überarbeitet, erreichte mit 3.000 Exemplaren Rang sieben, die bereits erwähnte SV 650 lief mit 2.400 Stück auf Rang neun ein.

Minus bei Harley-Davidson

Die US-Traditionsmarke Harley-Davidson, die 2003 ihr 100jähriges Bestehen feierte, musste im vergangenen Jahr deutlich Federn lassen; der Zulassungsrückgang in Deutschland fiel mit 14,5 Prozent überdurchschnittlich hoch aus. Erstmals seit 1998 sank die Zahl der neu in den Verkehr gekommenen Harleys im Jahr 2004 mit 4.960 wieder unter die 5.000er Marke. Gegenüber dem Jahr 2003 ein Verlust von 700 Fahrzeugen, was angesichts der hohen Preise für die deutsche Tochtergesellschaft einen kräftigen Umsatzrückgang bedeutete. Allerdings darf man nicht aus dem Auge verlieren, dass sich Harley-Davidson im Geburtstagsjahr 2003 dank diverser Jubiläumsmodelle noch gut gegen den rückläufigen Trend stemmen konnte.

Düstere Wolken auch über Italiens Herstellern

Keine sonnigen Bilanzen auch bei den drei italienischen Motorradherstellern Aprilia, Ducati und Moto Guzzi. Insbesondere Aprilia kam 2004 in ernste wirtschaftliche Schwierigkeiten, verlor seine Selbständigkeit sowie seinen Präsidenten Ivano Beggio und wurde schließlich an die Piaggio-Gruppe verkauft. Das betraf natürlich auch die ohnehin marode Tochtergesellschaft Moto Guzzi; dort kam die finale Entwicklungsarbeit an der beinahe fertigen Breva 1100 zum Erliegen, die Markteinführung verzögerte sich dadurch um ein weiteres Jahr auf 2005. Während sich Aprilia mit einem minimalen Rückgang von zwei Prozent gegenüber 2003 noch einigermaßen halten konnte, sackten die Guzzi-Zulassungen in Deutschland um die Hälfte auf nur noch 650 Stück ab. Guzzi unter „ferner liefen" – ein Drama für die Traditionsfirma am Comer See.

Ducati muss schwer kämpfen

Die Zeiten, als sich Ducatis wie geschnitten Brot verkaufen, sind offenbar endgültig vorbei: Das Jahr 2004 brachte der Italo-Ikone einen 20prozentigen Zulassungsrückgang in Deutschland. Mit nur noch rund 3.250 Fahrzeugen war das Ergebnis sogar schlechter als 1998, wo man zuletzt unter der 4.000er Marke lag. Der Marktanteil betrug vergangenes Jahr nur noch bescheidene 2,5 Prozent. Die Gründe für den schwachen Absatz lagen in teils mangelnder Produktqualität, teils auch an nicht ausreichenden Fertigungsmöglichkeiten als Folge einer angespannten Finanzlage.

Triumph kann sich weitgehend halten

Auch wenn Englands einziger Motorradhersteller nach dem verheerenden Feuer im Werk in Hinckley im Jahr 2002 wieder voll produzieren kann, so litt die Zulassungskurve auch 2004 noch unter den Folgen dieses Unglücks. Die Entwicklung der vorgesehenen Modelle kam verständlicherweise nicht schnell genug voran. Das vergangene Jahr schloss Triumph in Deutschland mit einem leicht überdurchschnittlichen Zulassungsrückgang von elf Prozent ab; rund 2.400 Triumphs fanden den Weg zum Kunden. Das 2004 neu vorgestellte Modell Daytona 600 konnte sich nicht wie erwartet durchsetzen; in der Klasse der 600er Supersportler sind die Japaner offenbar nicht zu schlagen.

Yamaha X Max 250

Leistung geht nicht mehr über alles

Schon seit Jahren dreht sich die Leistungs-Spirale. Doch 2004 hat ein, wenn auch noch sehr vorsichtiger, Wandel eingesetzt. So konnte die Klasse bis 37 kW/-50 PS ihren Marktanteil halten, die Klasse bis 57 kW/78 PS sogar leicht ausbauen. Letzteres geht nicht zuletzt auf das Konto der sehr erfolgreichen Honda CBF 600. Überdurchschnittlich groß war mit fast 15 Prozent der Rückgang in der Klasse bis 72 kW/98 PS, während die stärkste Klasse mit knapp fünf Prozent minus mit einem blauen Auge davon kam. Damit ist der Marktanteil der Maschinen über 98 PS auf dem Rekordniveau von 34,6 Prozent angelangt. Beim Hubraum zeigt sich noch deutlicher, dass es hin und wieder auch etwas weniger sein darf: während sich die Stückzahlen der Klasse 500 bis 749 ccm (wiederum primär dank Honda CBF 600) leicht erhöhten, erlitten insbesondere die beiden großen (ab 750 ccm und über 1000 ccm) dieses Mal die deutlichsten Rückgänge; das Minus lag bei jeweils rund zwölf Prozent. Die größte Hubraumklasse musste ihre Führungsposition 2004 an die Mittelklasse-Bikes abgeben und liegt nunmehr auf Platz zwei.

BMW R 1200 RT

Rückgänge auch bei Kraftrollern

Wesentlich dramatischer war 2004 der Zulassungsrückgang bei den Kraftrollern über 125 ccm: Am Jahresende wurde ein Minus von rund 27,5 Prozent (Motorräder acht Prozent) registriert. Das bedeutete einen Absatz von nur noch rund 5.400 nach zuvor 7.500 Fahrzeugen. Mit Ausnahme von Piaggio, wo man den Absatz gegenüber dem Jahr 2003 sogar leicht steigern konnte, erlitten sämtliche Anbieter auf dem deutschen Markt herbe Rückgänge. So lagen die Marktanteile von Honda und Yamaha klar unter fünf Prozent; die Stückzahlen waren praktisch unbedeutend. Lediglich Suzuki erreichte noch einen Absatz von über 1.000 Fahrzeugen; Paroli konnte man Piaggio (fast 3.200 Einheiten) allerdings nicht bieten. Insbesondere der X8 scheint sehr erfolgreich zu sein.

Starker Start ins Jahr 2005...

Zwar war am Konjunktur-Horizont zu Beginn des Jahres 2005 kein Silberstreif zu erkennen, doch schloss der erste Monat des Jahres mit einem Zulassungsplus von erfreulichen 33 Prozent. Würde es wirklich zu einer Trendwende kommen? Schon der Februar offenbarte allerdings, dass dem wohl nicht so sein wird, sondern dass im Januar lediglich besonders viele Händler- und Vorführfahrzeug-Zulassungen erfolgt waren. Das Minus zum Vorjahr betrug nämlich satte 27 Prozent, was kumuliert schon wieder ein Minus von über elf Prozent bedeutete.

... doch keine echte Erholung

Stets ist der März der zulassungsstärkste Monat des gesamten Jahres. Im Jahr 2005 hellten sich die Mienen der Händler, aber auch der Hersteller und Importeure nur ein wenig auf, wenn sie die Zahlen des deutschen Motorradmarktes analysierten. Zwar ging das Minus gegenüber den ersten beiden Monaten zurück, aber es ergab sich immer noch ein Rückgang gegenüber März 2003 um sieben Prozent! Das bedeutete im Klartext, dass im wichtigsten Monat schon wieder 2.000 Fahrzeuge gegenüber der Vorjahresstatistik fehlten. Weil nun die Zahlenbasis breiter war, durfte man einen ersten Blick auf das Abschneiden der Hersteller und Modelle wagen. Lediglich BMW (primär wegen der R 1200 GS und der neuen R 1200 RT), Triumph und MZ gelang ein kleiner Zuwachs, alle anderen mussten rote Zahlen registrieren. Ganz besonders schlecht sah es nach drei Monaten für Aprilia (minus 50 Prozent), Kawasaki (minus 33 Prozent), Moto Guzzi (minus 29 Prozent) und Ducati (minus 23 Prozent) aus.

Extrem schlechtes April-Ergebnis

Ausgesprochen böse lief der April 2005; nach dem März ja stets der zweitwichtigste Monat im Motorradjahr. Das Zulassungsminus erreichte rund 15,5 Prozent, was einen rechnerischen Verlust von fast 4.000 Einheiten gegenüber dem Vorjahr bedeutete. Damit war bereits nach vier Monaten klar, dass 2005 keine Trendumkehr erfolgen würde und das Jahresergebnis erneut unter dem des Vorjahres bleiben würde, da der Rückstand zu 2004 nicht mehr aufzuholen war. Im April geriet nun auch Triumph in die roten Zahlen, so dass nur noch BMW und MZ mehr Neuzulassungen als 2004 verbuchen konnten.

Im Mai vorläufiges Ende der Talfahrt

Im Wonnemonat konnten endlich die Vorjahres-Zulassungszahlen nahezu erreicht werden; das Minus fiel mit 0,4 Prozent vernachlässigbar aus. Doch das auf fünf Monate kumulierte Minus von vollen neun Prozent verdeutlichte unübersehbar, dass die Schwierigkeiten der Branche 2005 nicht geringer werden würden.

Trübe Bilanz des ersten Halbjahres

Im vergangenen Jahr bezeichneten wir die Bilanz des ersten Halbjahres als trübe; dieses Jahr ist es nicht anders. Zwar brachte der Juni ein kleines Plus von knapp vier Prozent, doch ist der Zulassungs-Rückstand zum Vorjahr bereits so groß, dass er das negative Jahresergebnis bereits zementiert. Auf knapp sieben Prozent beläuft sich zu diesem Zeitpunkt das Zulassungsminus, was 8.000 fehlende Einheiten bedeutet. Hält der Trend an, woran kaum zu zweifeln ist, dürfte das Jahr mit unter 119.000 Neuzulassungen enden. Ende Juni konnten nur wenige Hersteller das Niveau des Vorjahres halten oder gar übertreffen. Letzteres gelang, wenn auch auf niedrigem Niveau, sowohl MV Agusta (plus 61 Prozent auf 1.377 Fahr-

MZ 1000 SF

zeuge, Triumph (plus 8,5 Prozent auf 1.911 Stück) und MZ (plus fünf Prozent auf 300 Fahrzeuge). BMW konnte seine Neuzulassungen halten. Unterdurchschnittliche Rückgänge waren bei Honda, KTM, Moto Guzzi und Suzuki zu verzeichnen, während es den Marken Aprilia (minus 38,5 Prozent), Buell (minus 23 Prozent), Kawasaki (minus 22 Prozent), Ducati (minus 18 Prozent) und Harley-Davidson (minus elf Prozent) die Statistik und damit auch die Bilanzen stärker „verhagelte".

In die völlige Bedeutungslosigkeit ist Sachs abgerutscht; nur noch 41 neu zugelassene Motorräder wurden für die gesamten ersten sechs Monate des Jahres 2005 registriert. Der Blick auf die erfolgreichsten Modelle überrascht nicht wirklich: es führt mit weitem Abstand die BMW R 1200 GS (5.300 Stück) vor Vorjahressieger Honda CBF 600 (3.800 Stück) und Yamaha FZ 6 Fazer (2.850 Stück). Auf den Plätzen drei hochpotente Bikes: mit der 2005 neuen Suzuki GSX-R 1000 der bestverkaufte Supersportler, die bereits im zweiten Jahr befindliche Honda CBR 1000 RR Fireblade und die heuer neue BMW K 1200 S. Auffällig ist, dass BMW dieses Jahr drei Modelle ganz vorne platzieren konnte (Vorjahr zwei), während Suzuki nur noch mit zwei statt zuvor drei Modellen vertreten ist.

Trend zu weniger Hubraum hält an

Die deutlichsten Zulassungsrückgänge verzeichnen im ersten Halbjahr 2005 die Fahrzeuge der obersten Hubraumklasse (über 1000 ccm) mit fast 16 Prozent minus; hier dürfte sich insbesondere der Rückgang bei Harley-Davidson sowie der Suzuki Bandit 1200 bemerkbar machen. Auch die demnächst zur Erneuerung anstehenden Boxer-Modelle R 1100 S und R 1150 R sind keine „Bringer" mehr. Deutlich lässt aber auch die Klasse von 750 bis 999 ccm nach; hier liegt das Minus bei elf Prozent. Dagegen können sich die Mittelklasse-Bikes (500 bis 749 ccm) halten; dieser Erfolg geht auf die sehr gut verkauften Modelle Honda CBF 600, Yamaha FZ 6 Fazer, Kawasaki Z 750 und Suzuki Bandit 650 zurück.

Die große Neuheiten-Galerie

Blickt man auf die von A wie Aprilia bis Y wie Yamaha reichende Liste, dann zeigt sich, dass mit Ausnahme von Sachs jede Marke für 2005 Neues vorbereitet oder gebracht hat. Das größte Neuheiten-Feuerwerk brannte BMW ab; mit dem Touren-Boxer R 1200 RT, dem Sporttourer R 1200 ST, der zu Jahresbeginn in den Verkauf gehenden K 1200 S und der erst seit Anfang Juni verfügbaren Nakedbike-Version K 1200 R sind gleich vier Modelle neu im Angebot.

Aprilia Pegaso 650 Strada

Aprilia bringt die zweite Generation der Pegaso

Endlich hat sich Aprilia seiner seit Jahren vernachlässigten Pegaso angenommen. Die bisher eher enduristisch ausgerichtete Einzylindermaschine wurde mehr in Richtung Funbike und Supermoto getrimmt; das Fahren abseits befestigter Straßen ist nicht mehr so wichtig. Neben neuem Fahrwerk und einem nunmehr frischen Design änderte sich auch beim Antrieb entscheidendes: Statt eines Rotax-Motors aus Österreich wird nunmehr der Yamaha-Einzylinder aus dem Modell XT 660 eingebaut. Angesichts der verschärften Abgasregularien hätte der Rotax-Motor neu entwickelt werden müssen, was Aprilia zu lange gedauert hätte und auch zu teuer gekommen wäre. Allerdings erfüllt das Yamaha-Aggregat auch nur die Abgasnorm Euro 2 und ist noch nicht Euro 3-konform. Die Pegaso 650 Strada, so der volle Name der neuen kleinen Aprilia, hat einen Listenpreis von 6.878 Euro inklusive Nebenkosten; im nächsten Jahr soll sie optional auch mit ABS erhältlich sein.

BMW R 1200 RT

BMW haut mächtig auf die Pauke

Nach der R 1200 GS im vergangenen Jahr brachte BMW gleich zu Jahresbeginn die Touring-Variante der Boxer-Baureihe. Die R 1200 RT, Nachfolgerin der überaus erfolgreichen R 1150 RT, kann von Anfang an voll überzeugen. Sowohl die höhere Laufkultur des nun weitaus vibrationsärmeren Triebwerks, die deutlich gestiegene Motorleistung (110 statt bisher 95 PS) und der extrem hohe Fahrkomfort machen die RT zu einer starken Nummer im Tourer-Segment. Im Preis von 15.100 Euro ist ein Integral-ABS in Teilintegralversion enthalten.

Einige Monate später kam die zweite Boxer-Neuheit zu den BMW-Händlern. Die R 1200 ST ist das Nachfolgemodell der R 1150 RS und als Sporttourer konzipiert. Das besonderes markante Design mit einem vertikalen Doppelscheinwerfer sorgte anfangs für Aufregung in den Motorrad-Medien, dürfte einem auf längere Sicht angelegten Verkaufserfolg dieses Boxermodells aber kaum im Wege stehen. Technisch sind sich RT und ST sehr ähnlich; die gesamte Motor- und Antriebseinheit inklusive Auspuffanlage ist sogar baugleich. Bei der R 1200 ST ist das Teilintegral-ABS optional erhältlich und im Basispreis von 12.500 Euro nicht enthalten.

BMW R 1200 ST

BMW R 1200 ST

Stark erneuert und technisch äußerst eigenständig treten 2005 die zwei ersten Mitglieder der neuen K-Familie an. Die im Juli 2004 der Presse präsentier-

BMW K 1200 R

BMW K 1200 S

BMW K 1200 R, rechts in Serienversion, links als „Power Cup"-Maschine

te K 1200 S kam erst zu Jahresbeginn in den Handel, weil sich bereits vor der allgemeinen Markteinführung herausgestellt hatte, dass die Nockenwellen-Bearbeitung ursprünglich fehlerhaft war. Daraufhin zog BMW die K 1200 S zurück, behob das Problem (und einige weitere wie den zu hohen Benzinverbrauch gleich mit) und ließ das Fahrzeug schließlich mit einigen Monaten Verzögerung vom Stapel. Besonderes Kennzeichen der K 1200 S ist neben ihrer enormen Motor-Potenz (167 PS aus 1157 ccm Hubraum) die neuartige, Duolever genannte Vorderradführung. Dank sehr tiefem Schwerpunkt und langem Radstand ist die R 1200 S enorm richtungsstabil, ohne deshalb aber in Kurven träge zu sein. Die als Hochleistungs-Sporttourer konzipierte Maschine besitzt serienmäßig ein Teilintegral-ABS, das auf Wunsch entfallen kann. Der Preis von 14.850 Euro ist identisch mit dem der bisherigen K 1200 RS.

Eng mit der K 1200 S verwandt ist die im Juni in den Handel gekommene K 1200 R; sie besitzt keine Verkleidung und stellt damit die Roadster-Variante der K-Modellreihe dar. Die Motorleistung ist mit 163 PS minimal geringer; es reicht aber noch immer bei weitem zum Titel „Stärkstes Naked Bike der Welt". Dank etwas breiterem Lenker und einer auch minimal aufrechteren Sitzposition erscheint die K 1200 R noch fahraktiver als die S-Version; das minimalistisch wirkende Windschild ermöglicht dennoch bequem Geschwindigkeiten von 200 km/h. Der Preis der K 1200 R liegt bei 13.000 Euro.

Ebenfalls noch im Jahr 2005 wird das erste Modell einer gänzlich neuen BMW-Modellfamilie in den Handel kommen. Sie hört auf den Namen „High Performance" und soll quasi die M-Modellreihe der Pkw auf dem Zweiradsektor darstellen. Die HP 2 ist als Sportenduro ausgelegt; ihr Zweizylinder-Boxermotor entspricht weitgehend dem der R 1200 GS. Der gesamte Rest des Fahrzeuges vom Rahmen über die Kardan-Einarmschwinge und die Vorderradgabel – die HP 2 besitzt keinen Telelever – ist komplett neu und stellt eine Spezialentwicklung dar. Erste Testfahrten attestierten dem „Profi-Boxer" eine hervorragende Konstitution und Kondition. Auch die ersten Wettbewerbseinsätze – beispielsweise beim Erzberg-Prolog in Österreich und in der Offroad-Rennserie „German Cross Country" –brachten teils spektakuläre Erfolge. Die HP 2 wird bei ihrer Markteinführung voraussichtlich rund 16.000 Euro kosten. Sie wird nur auf Bestellung gebaut; eine Großserie ist deshalb nicht zu erwarten.

BMW HP 2

BMW HP 2

BMW HP 2 im Sporteinsatz

Buell XB9SX

Ducati 999

Neu: Ducati Monster S2R mit luftgekühltem 800er Zweizylinder und 77 PS zu 8.795 Euro

Buell bietet nur wenig Neues

Die Harley-Davidson Tochterfirma, die 2004 ja mit den zwei neuen XB12-Modellen viel Beachtung gefunden hat, betrachtete 2005 wohl als Konsolidierungsjahr. Die durch die 1200er-Vorstellung fast bedeutungslos gewordenen Einliter-Modelle wurden durch eine neue Variante wieder attraktiver gemacht; die XB9SX trägt den Beinamen City-Cross und will damit ihr Streetfighter-Image unterstreichen. Technisch am bedeutsamsten ist die erstmalige Ausrüstung einer Buell mit Pirelli-Reifen; damit steigt der Fahrspaß gegenüber den bisher obligatorischen Dunlop-Pneus enorm. Die XB9SX leistet 84 PS und kostet mit 9.279 Euro rund 2.200 Euro weniger als die 101 PS starke XB12S.

Ducati füllt die Lücken im Programm

Die italienische Motorrad-Ikone Ducati tut sich auf dem deutschen Markt derzeit nicht leicht. Der Absatz will nicht so recht auf Touren kommen. Für 2005 sind zwei Modelle neu konzipiert worden. Die supersportliche 999 stellt die Krone des Modellprogramms dar und ist in drei Varianten erhältlich; sie unterscheiden sich minimal in der Leistung, deutlicher in den Fahrwerks-Komponenten und extrem im Preis. Letzterer reicht von 17.045 Euro über 21.045 Euro bis 30.050 Euro. Die Basis-Maschine besitzt den so genannten Testastretta-Vierventilmotor, der hier 140 PS leistet. Das Fahrwerk ist wie das Gesamtfahrzeug rennstrekkenorientiert; der Einsatz im Stadtverkehr ist nicht gerade vergnügungssteuerpflichtig.

Das zweite Neumodell ist eine hubraumkleinere Variante der Multistrada. Die bisher ausschließlich als Tausender lieferbare Maschine erhielt den Motor der 620er Monster und heißt demzufolge Multistrada 620. Ein weiterer technischer Unterschied ist die stählerne Zweiarmschwinge statt der aufwändigen Alu-Einarmschwinge. Mit 8.645 Euro liegt die sehr vergnüglich zu fahrende 620er volle 3.000 Euro unter der Multistrada DS 1000.

Harley-Davidson bleibt Dauer-Evolution treu

„Nur die Kunden nicht verschrecken!" Nach dieser bislang erfolgreichen Devise verfährt Harley-Davidson auch 2005 – und macht zugleich eine (allerdings nicht sofort offensichtliche) Ausnahme von diesem Motto. Denn die neue VSRC-R mit Beinamen „Street Rod" hat es um vieles faustdicker hinter den Ohren als das der V-Rod doch sehr ähnliche Aussehen ahnen lässt. Die Street Rod ist die erste Harley „fürs

Ducati Multistrada 620

Harley-Davidson Street Rod

Knie", wie es ein österreichischer Motorradjournalist in unnachahmlicher Kürze formulierte. Sie ist nämlich so sportlich geraten, dass man durchaus die Knieschleifer an die Lederkombi kletten darf. Die sportlichere Auslegung erreichte Harley-Davidson durch eine etwas steilere Gabel, einen minimal verkürzten (aber immer noch ellenlangen) Radstand sowie eine aufrechtere, nicht mehr „cruisende" Sitzposition. Dazu musste der Fahrersitz auch deutlich angehoben werden. Das von Porsche feingetunte wassergekühlte Zweizylinder-Triebwerk läuft enorm komfortabel und gibt bei jeder Drehzahl spontan und zugleich gut beherrschbar Leistung ab; maximal sind 121 PS abrufbar. Der Preis der Street Rod beträgt 16.155 Euro.

Doch Harley wäre nicht Harley, wenn man nicht auch im traditionellen Modellprogramm immer wieder neue Varianten platzieren würde. Für 2005 entschloss man sich zu drei neuen Modellen mit dem großen 1340 ccm-V2. Die Dyna Super Glide Custom stellt das neue Einstiegsmodell in die Welt der Big Twins dar. Neben dem TC 88-Triebwerk sind zahlreiche Details dieser Maschine in Chrom und Silber getaucht. Der Preis beträgt je nach Lackierung ab 13.995 Euro.

Harley-Davidson Street R

Harley-Davidson Softtail Springer Classic

Harley-Davidson Dyna Super Glide Custom

Harley-Davidson Softail de Luxe

Harley-Davidson Softail Springer Classic

Honda Hornet 600

Honda CB 1300 ABS

Honda CBR 600 RR

Die zwei anderen Neumodelle gehören zur Softail-Familie. Die Softail „Deluxe" ist eigentlich selbsterklärend; mit ihren Weißwandreifen und den zahlreichen aufwändig gemachten Accessoires ist sie überaus eindrucksvoll geraten. Sie ist ab 20.300 Euro erhältlich. Ein wenig billiger ist die mit ihrer Springergabel unübersehbare Softail Springer Classic; sie stellt eine Hommage an die 30er und 40er Jahre des vergangenen Jahrhunderts dar. Sie wird, wie die Deluxe, vom TC 88 B (mit Ausgleichswelle) angetrieben, der hier im Rahmen starr verankert ist. Der Preis der Softail Springer Classic beträgt ab 19.140 Euro.

Für diejenigen, die ein Motorrad mit besonders niedriger Sitzhöhe suchen, hat Harley-Davidson die 883 Low ins Programm genommen; zudem gibt es mit der Sportster 883 Roadster eine Variante, deren Optik an die einst erfolgreichen Dirt Track-Rennmaschinen angelehnt ist.

Honda setzt auf Konstanz im Modellprogramm

Honda hat sich für 2005 im Grunde auf ein einziges neues Modell konzentriert; dazu kommen allerdings diverse Modellüberarbeitungen, die im Falle der supersportlichen CBR 600 RR auch sehr tiefgehend waren. Bei ihr wurde insbesondere auf ein niedrigeres Gewicht geachtet, denn die Fahrzeuge der Wettbewerber waren zuvor um bis zu zehn Kilogramm leichter. Inzwischen ist die trocken, also ohne jegliche Betriebsstoffe 163 Kilogramm wiegende Maschine up to date; auch die mit 117 PS angegebene Leistung stimmt. Der Preis der kleinen Drehorgel (Leistungsmaximum bei 13.000 Touren) beträgt 10.340 Euro.

Ganz neu im Modellprogramm ist das Funbike FMX 650; der Einzylindermotor mit 38 PS entstammt der seligen Dominator, der Rest ist neu und auf absolute Handlichkeit und höchsten Kurvenspaß getrimmt. Das Gewicht der FMX liegt bei ebenfalls 163 Kilogramm, der Preis allerdings beträgt gemäßigte 5.790 Euro.

Eine Modellüberarbeitung erfuhr die 1998 erstmals vorgestellte Hornet 600. Honda beschränkte sich aber weitestgehend auf optische Retuschen, vorzugsweise im Cockpit-Bereich und bei der Scheinwerfermaske. Die Leistung von 97 PS blieb unverändert, der Preis beträgt 7.190 Euro.

Der vergangenes Jahr vorgestellten CB 1300 ließ Honda bereits nach einem Jahr eine Modellpflege angedeihen; das großvolumige Naked Bike ist seit 2005 auch mit ABS erhältlich. Zusätzlich ist es mög-

Honda FMX 650

Honda Hornet 600

Kawaski ZX-6R

Kawasaki ZX-6R

lich, die 116 PS starke Maschine mit einer Halbschalenverkleidung im Retro-Stil zu ordern. Die dann CB 1300 S heißende Honda kostet 10.390 Euro. Das ABS wird mit 600 Euro Aufpreis kalkuliert.

Kawasaki bleibt in Wartestellung

Der sicherlich am meisten gebeutelte japanische Hersteller hat seine Modellpalette für das Jahr 2005 nur moderat verstärken können – und wie die Halbjahreszahlen mit einem Minus von 22 Prozent zeigen, hat der Markt für „die Grünen" auch nicht so richtig angezogen. Am meisten Neues bietet die nach zwei Jahren erneut in die Kur genommene ZX-6R; das supersportliche Bike wurde erneut schlanker, glänzt mit nochmals verbessertem Handling und ist der Konkurrenz (Honda CBR 600 RR, Suzuki GSX-R 600, Yamaha R6) absolut ebenbürtig. Leistungsmäßig führt die Kawa sogar die Bestenliste an; aus 636 ccm Hubraum zaubert sie laut Datenblatt 130 PS bei sagenhaften 14.000 Kurbelwellenumdrehungen. 10.295 Euro erscheinen als fairer Preis für ein Bike voller Hightech.

Die anderen Kawasaki-Neuheiten für 2005 sind weniger aufregend. So passte man der gut gemachten, 2004 präsentierten Z 750 eine Halbschalenverkleidung an und – schwupps – ist die Z 750 S schon fertig. Auch sie rangiert auf der Preis-/Leistungsskala der Mittelklasse-Vierzylinder ganz weit oben; mehr Motorrad für weniger Geld kann nicht einmal Suzuki bieten. Das 110 PS leistende, wohlgeformte Bike ist schon für 6.495 Euro zu haben.

Wenig Aufwand trieb Kawasaki auch beim schwer verkäuflichen Cruiser VN 1500; hier wurde der Hubraum um knapp 100 ccm aufgestockt, die Leistung beträgt moderate 67 PS. Das Dickschiff – Kawasaki verschweigt die rund 380 Kilogramm der VN 1600 Classic Cruiser in den im Internet zugänglichen technischen Daten schamhaft – ist für 14.195 Euro zu haben.

Eine nennenswerte Rolle auf dem Markt spielte in den vergangenen Jahren auch die zweizylindrige KLE 500 nicht; für 2005 unterzog man das angejahrt wirkende Modell einem sanften Facelift. Zum echten Renner ist die 34 PS leistende KLE aber auch nicht geworden; ihr Preis beträgt 5.435 Euro.

KTM drängt heftig auf die Straße

Der österreichische Motorradhersteller KTM, bei Offroad-Bikes in einer sehr starken Position, drängt zunehmend auf die Straße. Dazu wurden für 2005 zwei Zweizylindermodelle lanciert, die als Antrieb den LC8-Motor haben. Die 950 SM – das Kürzel steht für Supermoto – ist eine radikal auf Straßenbetrieb umgewandelte „Adventure". Wie diese, leistet die SM 98 PS, besitzt aber kürzere Federn, eine Straßenbereifung und ein kleineres Vorderrad. 10.790 Euro sind der Preis für ein Motorrad, das äußerst kurvenfreudig und leicht zu handhaben ist.

Eine ganze Nummer schärfer ist Asphaltwaffe Nummer zwei: Die 950 „Superduke" besitzt 990 ccm Hubraum und Einspritzung und leistet damit starke 120 PS. Auch sie ist ganz auf Handlichkeit getrimmt und optimiert damit das Streetfighter-Image der einzylindrigen Duke. Die Superduke kostet 11.600 Euro.

KTM 950 SM

KTM Superduke

Moto Guzzi Breva V1100 i.e.

Moto Guzzi kommt nur langsam aus dem Tief

Die Breva V 1100 hätte natürlich schon weitaus früher erscheinen sollen, doch die finanziellen Engpässe der Firma selbst wie auch ihrer (vorübergehenden) Muttergesellschaft Aprilia unterbrachen die finalen Entwicklungsarbeiten. Im Frühjahr 2005 ist das neue Naked Bike aber tatsächlich präsentiert worden. Die mit einem neuen Einspritzmotor mit 84 PS Leistung ausgerüstete Breva V 1100 i.e. bekam einen gänzlich neuen Kardanantrieb mit Einarmschwinge und glänzt mit vielen durchdachten Details. Sie lässt sich fein, aber nicht übertrieben sportlich fahren und macht der über 80jährigen Firmentradition alle Ehre. 10.890 Euro sind der Preis für ein vermutlich in nicht allzu großen Stückzahlen nach Deutschland kommendes Motorrad. Das für die Breva vorgesehene ABS soll 2006 nachgeschoben werden.

MV Agusta setzt immer noch eins drauf

Sportmotorradhersteller MV Agusta baut den Modell-Baukasten immer weiter aus. Zusätzlich zur wunderbar gemachten F4 1000 S wurde ein in vielen Details veredelte Variante entwickelt, die den Namen des Konstrukteurs Tamburini trägt. Das Triebwerk der

Moto Guzzi Breva V1100 i.e.

Tamburini leistet 172 PS, die hintere Schwinge besteht aus einer Magnesium-Legierung. Ein überaus edles Motorrad mit dem edlen Preis von 39.800 Euro.

Zu Beginn des Sommers überraschte MV Agusta mit einer zweiten „Brutale"-Version, der Brutale 910. Sie besitzt einen hubraumstärkeren Motor und leistet nunmehr 136 PS anstatt 126 PS (Brutale 750). Wichtiger ist jedoch das stark, nämlich von 75 auf 96 Newtonmeter gestiegene maximale Drehmoment. Weil der Preis nur um für MV-Verhältnisse bescheidene 540 Euro angehoben wurde, kann man der Brutale 750 keine guten Zukunftsperspektiven ausstellen; sie wird wohl bald vom Markt verschwinden, weil die 910er einfach begehrenswerter ist.

MZ bringt die zweite Tausender

Nach der 2004 vorgestellten Zweizylinder-Maschine MZ 1000 S legt das kleine sächsische Unternehmen, das sich ja in malaysischem Besitz befindet, mit einem Streetfighter nach. Die MZ 1000 SF unterscheidet sich vom Urmodell hauptsächlich durch eine auffallende Scheinwerfermaske; das Unterteil der Verkleidung ist weggefallen. Der etwas ruppige Zweizylinder-Reihenmotor wurde geringfügig leistungsreduziert und wird nun mit 113 PS angegeben. 9.490 Euro sind der Preis für ein Bike, das vor allem mit seinem sehr gelungenen Fahrwerk punktet.

Sachs spielt keine Rolle mehr

Das Nürnberger Zweiradunternehmen Sachs scheint seine Bemühungen, eigene Motorräder zu produzieren, einzustellen. Die beiden Modelle Roadster 650 und Roadster 800 sind seit 2001 beziehungsweise 2002 unverändert im Programm, verkaufen sich aber nur in homöopathischen Dosen. Im Kleinkraftrad-Be-

MZ 1000 SF

MZ 1000 SF

Sachs MadAss 50

Sachs MadAss 50

reich allerdings lassen die Sachs-Leute aufhorchen: Der mutig gestylten MadAss 50 soll für 2006 eine hubraumgrößere 125er Variante zur Seite gestellt werden.

Suzuki wieder auf Rekordkurs

Zumindest in Sachen Höchstleistung ist Suzuki wieder auf Rekordkurs: Die für 2005 vorgestellte GSX-R 1000 ist der leistungsfähigste Supersportler auf dem Weltmarkt. Der Vierzylindermotor leistet mörderische 178 PS; das Gefährt wiegt dabei lediglich 166 Kilogramm (trocken). Der montierte Titan-Auspuff verdeutlicht, dass Suzuki wirklich auf jedes Gramm geachtet hat. So viel feine Technik hat mit 12.999 Euro allerdings auch ihren Preis. Er hat aber allein im ersten Halbjahr fast 2500 Deutsche nicht vom Kauf abgehalten; damit ist die GSX-R der bestverkaufte Supersportler im Lande.

Gleich wichtig wie die GSX-R ist für Suzuki allerdings das „Brot-und-Butter-Motorad" Bandit 650. Die kleine Schwester der 2004 renovierten 1200er erhielt einen auf Einspritzung umgestellten Motor, einige Fahrwerksverbesserungen und ein frischeres Aussehen. Damit ist die Bandit 650 ein sehr angenehm zu fahrendes Motorrad geworden, das seit dem späten Frühjahr auch mit dem Aspekt „Sicherheit" punkten kann: Seither wird die kleine Bandit

Sachs MadAss 125

Triumph ST 1050

Suzuki Bandit 650

Suzuki DR Z 400 SM

Suzuki GSX R 1000

Suzuki Marauder 800

Triumph Speed Triple

ausschließlich mit ABS angeboten. Der Preis von 6.790 Euro darf als günstig bezeichnet werden.

Nur geringe Absatzchancen auf dem deutschen Markt hat der für 2005 neu vorgestellte Mittelklasse-Cruiser „VZ 800 Marauder"; Cruiser spielen hierzulande derzeit einfach keine Rolle mehr. Die VZ 800 besitzt einen 53 PS leistenden V2-Motor und kostet 7.490 Euro.

Dem Supermoto-Trend wollte sich auch Suzuki nicht verschließen; flugs wandelte man die 400er Enduro DR-Z zu einer SM-Variante um. Der Einzylindermotor leistet stramme 41 PS, das Gewicht von knapp 160 Kilogramm ist Garant für spielerisches Handling. Mit 5.490 Euro ist man dabei.

Triumph gibt wieder richtig Gas

Für 2005 hat Triumph gleich zwei Neumodelle vom Stapel gelassen. Sowohl die tourensportliche 1050 ST wie auch die Streetfighter-Version 1050 Speed Triple tragen einen vergrößerten Dreizylindermotor im Rahmen; die ST – sie ist für 600 Euro Aufpreis als erste Triumph auch mit ABS lieferbar – leistet 125 PS, die enorm handliche und zugleich fahrstabile Speed Triple wird mit 130 PS angegeben. 10.750 Euro kostet die Speed Triple, während die mit Verkleidung ausgerüstete ST mit 11.460 Euro ausgepreist ist.

Voxan wieder zum Leben erweckt

Der kleine französische Motorradhersteller Voxan wurde im vergangenen Winter nach der zweiten Insolvenz reanimiert; seither laufen im Städtchen Issoire wieder hochwertige Zweizylinder-Motorräder vom Band. Neu für 2005 sind der „Street Scrambler" (94 PS) für 11.999 Euro sowie die „Black Magic" (95 PS, 14.999 Euro). Beide werden von einem Einliter-Zweizylindermotor angetrieben. Importeur ist seit Anfang 2005 die Firma Sachs.

Yamaha traut sich endlich wieder was

Die diesen Sommer 50 Jahre alt gewordene Yamaha Motor Corporation hat für das Modelljahr 2005 Mut bewiesen: Mit der MT-01 brachte man ein ungewöhnlich gestyltes Fahrzeug, das auf einer vom Publikum sehr gut angenommenen Studie basiert. Dabei handelt es sich um eine Kombination aus einem sportlich ausgelegten Fahrwerk mit einem extrem drehmomentstarken V2-Motor, der ursprünglich im Power-Cruiser XV 1700 Road Star Warrior Dienst tat. In der MT-01 leistet der 1670 ccm große V2 91 PS, was dem Bike absolut ausreichende Dynamik verleiht. 13.295 Euro kostet das Vergnügen, eines der ungewöhnlichsten Bikes des gesamten Marktes zu besitzen.

Ganz auf den MotoGP-Star Valentino Rossi setzt Yamaha bei seinem Mittelklasse-Supersportler R6; es gibt ihn nämlich für 10.995 Euro mit Spezialauspuff auch als Sonderversion R46, womit Rossis Startnummer als Zugpferd dient. Die 120 PS leistende Sport-

Yamaha MT-01

Yamaha T Max 500 ABS

Yamaha Tricker

Yamaha R 46

maschine wurde, wie es üblich ist, nach nur zwei Jahren Bauzeit erneut gründlichst überarbeitet und gewichtsreduziert. Das Hightech-Teil kostet laut Preisliste 9.830 Euro, wird aber im Handel längst für unter 9.000 Euro angeboten.

Für 2005 hat sich Yamaha entschlossen, auf den schnell beschleunigenden „ABS-Zug" aufzuspringen. Ausersehen wurde dafür das Modell TDM 900, das eine solche Antiblockierregelung in der Tat sehr gut brauchen kann. Die TDM 900 A blieb ansonsten unverändert; das 86 PS leistende Zweizylinder-Motorrad ist für 9.830 Euro zu haben.

Spät im Jahr, nämlich im Juli, hat Yamaha mit dem Tricker („Gauner") noch ein witziges Nischen-Bike herausgebracht. Es handelt sich um ein auf äußerste Handlichkeit getrimmtes Fahrzeug, mit dem sich in der Tat leicht tricksen lässt. Der Antrieb erfolgt über eine 249 ccm großen Einzylinder-Viertaktmotor, der sich zu einer Leistung von 19 PS aufschwingt und in einem Doppelschleifen-Stahlrahmen verzurrt ist. Der Hersteller gibt ein Trockengewicht von 111 Kilogramm an, was dank des kleinen Sechsliter-Tanks zu kaum mehr als 122 Kilogramm fahrfertigem Gewicht führen dürfte. Der Tricker steht mit 4.295 Euro in der Yamaha-Preisliste.

Yamaha MT-01

Erster Ausblick auf 2006

Zum Redaktionsschluss des Jahrbuchs Motorräder waren bereits die ersten Neuheiten für die kommende Saison bekannt, für einige weitere bedurfte es zur sicheren Vorhersage keine großen prophetischen Gaben.

Kawasaki setzt auf neues Twin-Bike

Bereits Anfang Juli hat Kawasaki die komplett neu entwickelte ER-6n vorgestellt; sie ersetzt die schon arg in die Jahre gekommene ER-5. Angetrieben wird das sehr zierlich wirkende Bike durch einen Zweizylinder-Reihenmotor, der 71 PS leistet. Die Fahreigenschaften dieses sehr adrett gezeichneten und überaus handlichen Motorrads darf man als rundum gelungen bezeichnen. Die sehr niedrige Schwerpunktlage wird unter anderem dadurch erreicht, dass die Auspuffanlage unter den Motor gewandert ist. Anfangs werden einige hundert Fahrzeuge ohne ABS importiert, ab dem Jahresende soll es die ER-6n dann nur noch mit Bosch-ABS geben. Der Preis beträgt 5990 beziehungsweise 6690 Euro. Auch Buell hat noch im Juli bekannt gegeben, was man für 2006 im Köcher hat. Dazu gehört die Ulysses XB12X mit modifiziertem Leichtmetallrahmen und vergrößertem Tank, längerem Radstand, längeren Federwegen und einer gewachsenen Bodenfreiheit. Auch die Modifizierung der Sitzposition dient dazu, eine höhere Tourentauglichkeit zu erreichen. Das Adventure-Sports-Bike, so Buell, wird ab Herbst erhältlich sein und kostet 11.499 Euro. Denselben V2-Motor mit 101 PS besitzt auch die neue Lightning Long XB12Ss; bei ihr handelt es sich um die in der Länge gewachsene Komfortversion der XB12S. Insbesondere groß gewachsene Streetfighterfans dürften sich über die 11.249 Euro kostende Maschine freuen.

Harley-Davidson bleibt der Linie treu

Die Änderungen für 2006 fallen bei Harley-Davidson moderat aus, wie man das vom US-Traditionshersteller ja gewohnt ist. Äußerlich nicht erkennbar dürfte das neue Sechsganggetriebe sein, das ab Herbst in sämtlichen Fahrzeugen der Dyna-Modellreihe eingebaut wird. Zudem wird ein neuer Rahmen und eine neue Telegabel verbaut. Als neues Modell wird die Street Bob angekündigt, die mit puristischem Chopper-Look glänzen soll. Zwei Fahrzeuge der Softail-Baureihe, nämlich die Softail Standard und die Night Train, werden ab 2006 auf einen fetten 200er Hinter-

Kawasaki ER-6n

Moto Morini Corsaro 1200

Bimota DB5

reifen umgestellt. Und in der VRSC-Familie kommt als viertes Mitglied die Night Rod im giftigen Drag-Strip-Look dazu.

MZ mit neuer Taktik

Auch MZ versucht jetzt mit Sondermodellen, den Absatz anzukurbeln. So gibt es die MZ 1000 SF zum Preis von 9.990 Euro in nur 25 Exemplaren in der Sonderfarbe rot. Für 500 Euro Aufpreis gegenüber der Basisversion ein in vielen Bauteilen sehr schön modifiziertes Stück. Wahlweise wird der 117 PS starke R2-Motor der MZ 1000 S oder das vier PS schwächere Triebwerk der MZ 1000 SF geliefert.

Moto Morini betritt die internationale Bühne

Nach der recht kurzen Entwicklungszeit von nur zwei Jahren werden ab Frühherbst 2005 die ersten Motorräder der Marke Moto Morini zu haben sein. Die Corsaro 1200 ist ein 140 PS starkes Naked Bike mit extrem kurzhubigem V2-Triebwerk. Dieses weist den ungewöhnlichen Zylinderwinkel von 87 Grad auf; das Verhältnis von Bohrung zu Hub beträgt 107 zu 66 Millimeter. Extremer ist kein anderer Motor. 2005 sollen insgesamt noch rund 1000 Exemplare gebaut werden; der deutsche Importeur hat einen Preis von 12.500 Euro kalkuliert. Auch der italienische Kleinhersteller Bimota will nach dem Konkurs von 2001 in der Saison 2006 wieder mitmischen: Im Sommer 2005 präsentierte man in Rimini mit der DB5 1000 bereits das erste Modell nach dem Crash. Das supersportliche Bike leistet mit einem Einliter-V2-Motor zwar lediglich 92 PS, wiegt aber mit vollem Tank auch nur 180 Kilogramm.

BMW hält sich mit den Neuheiten noch zurück

Als Weltneuheit auf dem Zweiradmarkt bietet BMW bei der K 1200 LT optional Xenon-Scheinwerfer an. Zudem werden alle Fahrzeuge der neuen K-Baureihe sowie alle Boxermodelle mit dem 1200er Motor in der zweiten Jahreshälfte 2005 auf die neue Abgasnorm Euro 3 adaptiert. Über die zu erwartenden neuen Modelle breitet BMW noch den Mantel des Schweigens. Man darf aber für 2006 mit Bestimmtheit das Nachfolgemodell der R 1100 S erwarten. Die intern K 29 genannte Maschine wird den stärksten Serienboxermotor aller Zeiten erhalten. Die K 71-Modelle mit dem Zweizylinder-Reihenmotor mit 800 ccm sind ein Projekt für das Jahr 2007.

Das ABS ist mächtig auf dem Vormarsch

Die Honda-Ankündigung, ab 2007 alle neuen Modelle mit ABS und Integralbremssystem auszurüsten, hat bei den Wettbewerbern für Aufbruchstimmung gesorgt. Das bedeutet, dass auch Kawasaki, Suzuki und Yamaha derzeit intensiv an weiteren ABS-Versionen arbeiten. Bei Yamaha ist zu erwarten, dass es ab 2006 die FZ6 sowie die halbverschalte FZ6 Fazer mit ABS geben wird. Das Nachfolgemodell der FZS 1000, die FZ 1, kommt allerdings entgegen den Erwartungen doch nicht mit ABS nach Deutschland. Bei Suzuki ist für die Bandit 1200 mit einem ABS zu rechnen. Die Ausrüstung der beiden V-Strom-Modelle mit ABS wäre ebenfalls keine große Überraschung. Kawasaki belässt es in punkto ABS ebenfalls nicht bei nur einem Modell. Die „grünen" Händler erhoffen sich ein ABS auch für die Modelle Z 1000 und Z 750 sowie für die großen Cruiser.

Alle zwei Jahre neue Superbikes

Nachdem die Honda Fireblade, die Kawasaki ZX-10R und die Yamaha R1 bereits zwei Jahre „auf dem Buckel" haben, steht ihre turnusgemäße Überarbeitung an. Bei der Honda Fireblade gehen Experten davon aus, dass der weltgrößte Motorradhersteller leistungsmäßig Anschluss an die Konkurrenz herstellt und künftig echte 170 PS geliefert werden. Bei der Kawasaki ZX-10R vermutet man, dass die Schalldämpferanlage zwischen die Räder wandert und unter das Triebwerk zu liegen kommt, was dem Schwerpunkt sowie der Schräglagenfreiheit zugute käme. Nicht ausgeschlossen, dass bei der 2006er R1 eine elektronische Antischlupfregelung zu haben ist, welche die Beherrschbarkeit der nahezu 180 PS verbessern soll und wie sie in den aktuellen MotoGP-Maschinen schon heute zu finden ist.

Viel Wirbel um das BMW Integral-ABS

Wer das Motorradjahr 2005 analysiert, kann am enormen Medienwirbel um das seit 2001 in den Zwei- und Vierzylindermodellen eingebaute Integral-ABS nicht vorbeigehen. Zu „verdanken" haben die Bayern das große Medienecho einem unzufriedenen Kunden, der bei der Staatsanwaltschaft München mit dem Ziel eine Anzeige erstattete, eine Rückrufaktion für sämtliche Motorräder mit I-ABS zu erreichen. Es sei zu zahlreichen Systemausfällen gekommen, wobei sicheres Anhalten nicht immer gewährleistet gewesen sein. BMW wurde erst im Juli offensiv und verwies darauf, dass in allen Fällen, in denen der elektrohydraulische Bremskraftverstärker und auch die ABS-Regelung ausgefallen sei, die hydraulisch-mechanische Grundbremse einsatzfähig gewesen sei. Mit dieser Grundbremse seien Verzögerungen von mindestens fünf Meter pro Sekunde im Quadrat möglich; gesetzlich seien nur 2,5 m gefordert. Nach zwei Stürzen bei Bremsübungen in Sicherheitstrainings, bei denen ohne Vorwarnung die ABS-Regelung ausfiel, hat BMW eine Information herausgegeben, dass bei solchen Trainings nicht mehr als fünf Notfallbremsungen im Regelbereich in unmittelbarer Folge gemacht werden dürften. Grund für die beiden Ausfälle war eine zu niedrige Bordspannung, verursacht durch eine Verkettung bestimmter Umstände. Wer jedoch nach fünf Trainingsbremsungen wieder andere Fahrübungen macht und der Batterie damit eine „Verschnaufpause" gönnt, soll von Problemen verschont bleiben.

Die 125er können sich knapp behaupten

Geringer als bei den Motorrädern über 125 ccm sind die Zulassungsrückgänge bei den Leichtkrafträdern. 2004 wurde ein Minus von gut drei Prozent verzeichnet, das erste Halbjahr 2005 brachte einen Rückgang von etwas mehr als vier Prozent. Sehr gut abgeschnitten hat vergangenes Jahr Honda; die damals neu vorgestellte CBR 125 R hat nicht zuletzt wegen ihres Kampfpreises von 2.790 Euro wie die häufig zitierte Bombe eingeschlagen und den Markt der Leichtkrafträder total dominiert. Alleine dieses eine Modell hat fast 50 Prozent Marktanteil erreicht und Honda zum unangefochten größten Anbieter in dieser Klasse in Deutschland gemacht! Auch Cagiva konnte seinen Absatz deutlich steigern. Zweitgrößter Anbieter hinter Honda war vergangenes Jahr trotz deutlicher Rückgänge aber immer noch MZ.

2005 sieht die Welt in dieser Klasse jedoch schon wieder anders aus. Noch immer dominiert zwar die Honda CBR 125 R, doch konnte Yamaha nach Präsentation von gleich vier neuen 125er Modellen um 135 Prozent zulegen und damit zweitstärkste Marke in Deutschland werden. MZ liegt nach erneutem deutlichem Rückgang nur noch auf Rang drei und sollte seine RT 125 wohl baldmöglichst aktualisieren.

Leichtkraftroller im Rückwärtsgang

2004 ließ der Absatz der Leichtkraftroller bis 125 ccm mit fast 15 Prozent Rückgang deutlich nach. Piaggio konnte seine Marktführerschaft trotz leichter Zulassungsrückgänge ausbauen, Honda belegte Platz zwei. Dank eines fast 200prozentigen Zuwachses konnte sich die fernöstliche Marke Daelim bereits auf Rang drei positionieren und lag damit vor solch renommierten Herstellern wie Yamaha oder Peugeot. Auch im ersten Halbjahr 2005 ist Daelim eine der wenigen Marken, die den Absatz steigern kann. Piaggios Marktdominanz bröckelt erheblich. Allerdings dürfte die für 2005 neu vorgestellte Vespa LX 125 als Nachfolgerin der ET 4 noch etwas Anlaufzeit brauchen. Neu auf dem Markt ist dieses Jahr das einzige weltweit einzige Zweirad mit Kompressormotor: Der Peugeot JetForce 125 Compressor. Für 4.999 Euro natürlich kein Vernunft-Kauf sondern ein absolutes Spaß-Vehikel für Technik-Freaks, die den Führerschein Klasse A besitzen und mindestens 18 sind. Die Leistung von 20 PS macht ihn so agil wie einen 250er, auch die Leichtkraftrad-Variante mit nur 11 kW/15 PS läuft beeindruckende 125 km/h. Und verbraucht 5,3 Liter. Aber wie beschrieb Tuning-Papst Fritz Egli einst den Sinn seiner Turbo-Motorräder? „Genüsslich Benzin abfackeln". Das kann der Jet Force. Perfekt. Denn auch Fahrwerk und Bremsen befinden sich auf höchstem Niveau.

... und was ist mit den Kraftrollern?

Nach dem bereits erwähnten Zulassungsrückgang in 2004 von gut 27 Prozent könnte dieses Jahr eine gewisse Konsolidierung des Marktes eintreten. Doch blickt man auf die Marken, dann zeigt sich ein fast unglaubliches Rauf und Runter: während Hersteller wie MBK ein Minus von rund 50 Prozent aufweisen, kann beispielsweise Yamaha um mehr als 800 Prozent zulegen. Hier war die Ausgangslage extrem schlecht, so dass der neue X-Max 250 sowie der endlich mit ABS lieferbare T-Max 500 tatsächlich für bessere Zahlen sorgen. Den mit Abstand größten Marktanteil besitzt mit 44 Prozent nach wie vor Piaggio (Modelle Beverly 250 GT, Beverly 500, X8 200, X9 Evolution 500 ABS, X9 500 Street, Vespa GT 200 und Vespa GTS 250 i.e.) vor Suzuki mit 21 Prozent (Modelle Burgman 400 und Burgman 650). Insgesamt scheint der Markt der Hubraumboliden mit 500 ccm und mehr in Deutschland weitgehend gesättigt zu sein.

Hohes Niveau

Nie war die Zahl der in Deutschland zugelassenen Motorräder höher als im Jahr 2005: Rund 3,067 Millionen Krafträder über 125 ccm hat das Kraftfahrtbundesamt zum Stichtag 1. Januar ermittelt; dazu

Piaggio Vespa GTS 250

Piaggio Vespa LX 50 und LX 125

addieren sich weitere 713.000 Leichtkrafträder, so dass sich eine Gesamtzahl von etwa 3,83 Millionen Zweirädern mit einem Hubraum von über 50 ccm ergibt. Man darf ein hohes Motorisierungsniveau nicht gänzlich aus dem Auge verlieren wenn es darum geht, den Zweiradmarkt zu analysieren, schließlich gibt es überall in der Wirtschaft einen untrennbaren Zusammenhang zwischen Bestand und Wachstum. Setzt man einmal die Zahl der zugelassenen Pkw mit derjenigen der Krafträder in Beziehung, so zeigt sich, dass die Relation in Deutschland etwa 1 zu 12 beträgt; auf ein Motorrad kommen knapp zwölf Pkw.

Blick in die Umgebung

Deutschland ist groß – und vielfältig. Es gibt Gegenden, da spielt das Motorrad eine bedeutsame Rolle und andere, da spielt es noch nicht einmal eine Nebenrolle. Bekannt ist, dass sich die höchste Motorraddichte in Bayern findet; danach folgen die Bundesländer Baden-Württemberg und Rheinland-Pfalz. Weiter nach Norden und auch nach Osten geht die Motorraddichte zurück. In der Tat: Es gibt Gemeinden in Deutschland, da findet sich nicht ein einziges amtlich zugelassenes Zweirad. Meist liegen diese Orte im hohen Norden. Weder 23845 Dreggers im Landkreis Bad Segeberg (immerhin 34 Pkw) noch 24395 Nieby können ein Motorrad oder auch nur Leichtkraftrad aufweisen. Den Vogel in punkto Motorrad-Abstinenz schießt jedoch die Gemeinde 18258 Vorbeck im mecklenburgischen Landkreis Bad Doberan ab: In dem Ort, in dem 315 Einwohner leben und der laut Kraftfahrtbundesamt 221 Pkw beheimatet, herrscht bei Krafträdern glatte Fehlanzeige. Es gibt jedoch Ausreißer in Deutschlands Norden: So weist die Gemeinde 25572 Aebtissinwisch (ja, sie heißt wirklich so und liegt im schleswig-holsteinischen Landkreis Steinburg) bei nur 46 Pkw immerhin sechs Krafträder auf.

Damit ist diese 70 Einwohner-Gemeinde in Deutschlands hohem Norden in bester Gesellschaft: im äußersten Süden Deutschlands, nämlich im Oberallgäu, kommen in den Gemeinden Altusried und Bolsterlang auf ein zugelassenes Motorrad nur rund sechs Pkw; die Motorraddichte ist also doppelt so hoch wie im gesamtdeutschen Durchschnitt.

Erst der vertiefende Blick in die Statistik offenbart freilich, wie beliebt Motorräder – hier sind die „echten" Krafträder mit mehr als 125 ccm gemeint – wirklich sind. Denn ganz offensichtlich gibt es Gegenden, deren hohe Zweiraddichte von einer überdurchschnittlich großen Anzahl Leichtkrafträder geprägt ist. Während, wie schon erwähnt, im deutschen Durchschnitt auf ein Zweirad zwölf Pkw kommen, so sinkt diese Relation auf 1:15, wenn man alleine Motorräder fokussiert. Erwartungsgemäß ist die Motorraddichte in den Stadtstaaten Berlin, Bremen und Hamburg sowie in den „neuen Ländern" am geringsten; dort liegen die Werte zwischen 1:20 und 1:24. Sachsen-Anhalt trägt damit die „rote Laterne".

Bayern liegt klar an der Spitze

Die Spitze markieren das Saarland, Rheinland-Pfalz, Baden-Württemberg und Bayern mit Werten zwischen 1:13,7 und 1:12,4 – in Bayern gibt es damit pro Pkw also fast doppelt so viele Motorräder wie in Sachsen-Anhalt (wobei unterstellt werden darf, dass die Pkw-Quote pro Einwohner in Bayern ebenfalls höher ist als in Sachsen-Anhalt).

Doch auch in Bayern gibt es große regionale Unterschiede. Die Motorrad-Pkw-Relation ist in den oberbayerischen Landkreisen Eichstätt, Landsberg/Lech und Weilheim sowie in den im Bayerischen Wald gelegenen Kreisen Cham und Freyung besonders vorteilhaft. Ganz vorne liegt aber der Landkreis Oberallgäu mit einem Wert von knapp unter 1:10. Auf Gemeinde-Ebene führt ausnahmsweise sogar eine Stadt die Liste der Motorrad-Hochburgen an: Lindau im Bodensee weist einen Wert von 1:9,1 aus – auf jedes Motorrad über 125 ccm kommen nur 9,1 Autos – ein höherer Motorradanteil an der Individualmotorisierung findet sich in keiner anderen Gemeinde Deutschlands.

Jammern auf hohem Niveau

Diese sehr hohe Motorraddichte gilt es im Auge zu behalten, wenn das Jammern über die weiter nachlassenden Neuzulassungen anhebt. Die anhaltend düstere wirtschaftliche Lage – sie ist im deutschen Osten bekanntlich deutlich ausgeprägter als in den alten Ländern – tut ein Übriges. Und nicht zu vergessen: Die im Lauf der vergangenen zehn Jahren enorm gestiegene Qualität der Motorräder in Verbindung mit stetig sinkenden Jahresfahrleistungen veranlasst viele Zweiradbesitzer, ihrem Bike länger die Treue zu halten, als dies in den 70er und 80er Jahren der Fall war.

Schwarzwälder Zwerge? Keineswegs!

Das Moped- u. Roller-Museum Bad Peterstal

von Manfred Nabinger

Während Deutschlands ältestes Zweirad-Museum in Neckarsulm sein fünfzigjähriges Jubiläum feiert, geht der Veteranen-Szene der Atem immer noch nicht aus. Weiterhin drängen Sammler und Enthusiasten an die Öffentlichkeit. Als jüngste Neugründung gibt es die Eröffnung eines interessanten Spezialmuseums zu vermelden, das sich nicht nur auf das motorisierte Zweirad konzentriert, sondern seinen Blick noch stärker fokussiert und eine besondere Zweirad-Gattung in den Blickpunkt rückt. Es handelt sich dabei um „Mopeds" im weiteren Sinne, womit Mokicks, ungedrosselte Kleinkrafträder, Mofas und Fahrräder mit Hilfsmotoren eingeschlossen sind. Also die komplette 50-ccm-Abteilung vergangener Jahrzehnte. Museumsberechtigt scheint dieses Spezialgebiet allemal, denn das Moped als Fahrzeuggattung hat mittlerweile ja auch schon etwas mehr als ein halbes Jahrhundert auf dem Buckel. Mitsamt seinen Vorformen (Hilfsmotoren) und Nachfolgern (Kleinkrafträder) umfaßt das Thema Moped einen breiten Bereich der Zweirad-Historie und macht Moden wie die Luxus- und Sportmopeds oder technische Neuschöpfungen wie das Mofa oder die 80-ccm-Klasse historisch erst verständlich.

Das neue Mopedmuseum befindet sich im Schwarzwald, genauer gesagt in Bad Peterstal, nordöstlich von Freiburg gelegen. Es ist damit von der Rhein-Ebene recht schnell zu erreichen. Der vollständige Name lautet „Schwarzwälder Moped- und Roller-Museum", womit der Tatsache Rechnung getragen wird, daß etwa ein Dutzend klassische Roller das 50-ccm-Angebot ergänzen. Das Museum befindet sich in einem alten Sägewerk, welches malerisch unter einem Eisenbahn-Viadukt gelegen ist. Neben dem Sägewerk verläuft die Bundesstraße 28, die später zur Schwarzwaldhochstraße hinauf-

Kleine Mopedparade vor dem Schwarzwälder Museum

Gritzner Brummi 70 vor beeindruckender Kulisse

führt und bei Motorradfahrern und Oldtimerfreunden sehr beliebt ist. Beim Fototermin für diesen Artikel, einem Sonntag im Frühsommer, wurden innerhalb einer Viertelstunde u.a. ein Vorkriegs-Opel, zwei Lanz-Bulldogs, ein BMW-R-50-Gespann, eine NSU-Max und Dutzende von Motorrädern auf dieser Route gesichtet. Das Museum liegt also strategisch günstig; ein Besuch ergibt sich u.U. ganz von alleine als interessanter Haltepunkt oder kurzweilige Unterbrechung einer Zweiradtour.

Das Schwarzwälder Moped- und Roller-Museum entstand aus den Aktivitäten einer Kreilder-Interessensgemeinschaft. Diese war im Kreis Ortenau entstanden, der etwa das Gebiet zwischen Emmendingen, Lahr und Freudenstadt umfaßt. Das tatsächliche Einzugsgebiet der IG ist aber wesentlich größer. Mitglieder sind beispielsweise auch in Karlsruhe oder im Stuttgarter Raum ansässig. Die Interessengemeinschaft hatte bislang Ausfahrten, Stammtische und Treffen organisiert. Im Herbst 2003 ergab sich die Möglichkeit, die alte Sägemühle in Bad Peterstal zu nutzen. Die Sammlungen der Mitglieder drohten schon die heimischen Garagen zu sprengen: warum sie nicht also konzentrieren und der Öffentlichkeit zugänglich machen? Alsotaten sich ein gutes Dutzend IG-Mitglieder zusammen und gründeten

Moped-Vorläufer FM 38 von Victoria

Das „Volksmoped" von Rex, Vorläufer der neuen Gattung

einen Museumsverein. Dieser nahm Ende des Jahres zügig seine Arbeit auf. Innerhalb einiger Monate wurde das alte Sägewerk instandgesetzt und darin Räume für eine Daueraus-stellung geschaffen. Bereits an Pfingsten 2004 konnte der Verein zur Eröffnungsfeier laden. In den entsprechenden Sammler-Kreisen sprach sich die neue Adresse schnell herum. Allein durch Mund-zu-Mund-Propaganda und einige Presseberichte wurde das Museum so weit bekannt, daß nicht nur Kenner der Veteranenszene, sondern zuweilen auch Touristen oder Kurgäste die Zweiradsammlung bestaunen. Beide Arten von Besuchern geben sich angesichts der geballten Ladung Moped fast gleich schnell ihren Jugenderinnerungen hin.

An Pfingsten 2005 konnten die Schwarzwälder ihr Einjähriges feiern und dabei einen zusätzlichen Raum einweihen. Die Erweiterung war nötig geworden, um noch mehr Exponate aus den Sammlungen der Vereinsmitglieder zu präsentieren und damit alle Facetten des Themas „Moped" beleuchten. Momentan sind etwa 90 Fahrzeuge ausgestellt.

Sehen wir uns die Sammlung einmal genauer an und begeben uns auf einen Rundgang durch das alte Sägewerk. Wir werden bei ausgewählten Modellen haltmachen und uns in Firmen- oder Modellgeschichte vertiefen. Gleich am Eingang stoßen wir auf einige klassische Hilfsmotoren von Rex, ILO und Victoria. Alle drei Hersteller schwenkten 1953 auf den Mopedbereich um. Rex gab mit seinem „Volksmoped" sogar einen wichtigen Anstoß zur Schaffung dieser neuen Gattung und konnte deswegen bereits entsprechende Fahrzeug anbieten, bevor der Gesetzgeber alle Details festgelegt und in der Straßenverkehrszulassungsordnung ausformuliert hatte. Ein „Volksmoped" darf also in einer Mopedsammlung als unabdingbar gelten und findet sich demgemäß auch in Bad Peterstal.

Zwischen dem Namen Rex und dem Schwarzwald besteht in der Mopedhistorie übrigens eine interessante Verbindung. Unter dem Namen „Schwarzwälder Zwerg" bot nämlich Mitte der fünfziger Jahre die Firma MON ein Moped mit Rex-Motor an. Dieses Fahrzeug zählt heute zu den Raritäten bzw. Exoten der Mopedhistorie. Ein oder zwei Exemplare sollen in Teilen noch existieren, restaurierte Exemplare sind allerdings bisher noch nicht aufgetaucht. Bad Peterstal führt den seltenen Vogel demgemäß auch nicht im Programm; aber was nicht ist, kann ja noch werden. Die Chancen, daß ein „Zwerg" einmal in der Umge-

Blick auf die Mofa-Abteilung des Moped- und Roller-Museums

Frühe Mopeds von Rex, Miele und der Zweckgemeinschaft Triumph / Hercules / Zündapp

bung des Museums auftaucht, stehen auf jeden Fall günstiger als anderswo.

Fahren wir weiter fort mit unserem Rundgang. Und stoßen auf ein weiteres Dokument aus der Frühzeit des Mopeds. Das „Nürnberger Einheitsmodell" stellte im Jahr 1953 das Resultat einer einzigartigen Zusammenarbeit dreier ehemaliger (und zukünftiger) Konkurrenten dar. Zündapp, Hercules und Triumph - alle in der Frankenmetropole ansässig - boten jeweils ein schlichtes Modell mit Zentralrohrrahmen an, das je nach Hersteller „Com-binette" (Zündapp), „Knirps" (Triumph) oder ganz einfach „Moped" (Hercules) hieß, aber immer die gleiche Konstruktion war. Als Antriebsquelle diente in jedem Fall der Zündapp Combimot KM 48, ein 48-ccm-Zweitakter mit Einganggetriebe, Lamellenkupplung und einer Leistung von 1.2 bis 1.5 PS, der im Münchner Zweigwerk der Firma in hoher Stückzahl vom Band lief. Die Rahmen steuerten Hercules und Triumph bei. Verschiedene Lackierungen waren erhältlich, ebenso eine Luxusversion mit Federgabel. Dem Moped-Triumvirat war allerdings nur eine kurze Lebenszeit beschieden: Hercules benutzte im Folgejahr schon den Sachs-Mopedmotor und wurde in der Folge zur Fichtel & Sachs-eigenen Motorradmarke. Zündapp entwickelte die Combinette stetig weiter und landete schnell bei einem völlig neuen Design mit Preßstahlrahmen und Mehrgangmotoren. Triumph hatte zwar auf dem Motorradsektor eine völlig eigenständige Linie von Triebwerken für seine Maschinen entwickelt, blieb aber auf bei seinen Mopeds Konfektionär und verwendete später im wesentlichen Sachs-Triebwerke. Die Zusammenarbeit mit Hercules lief noch bis zur Produktionsaufgabe 1957 weiter. Das Triumph-Moped „Fips" basierte auf einem Entwurf der Firma Hercules und wurde schließlich auch dort gefertigt.

Als Alternative zum Nürnberger Modell brachte NSU eine völlig eigenständige Konstruktion unter dem Namen Quickly auf den Markt. Das Quickly lief in seinen verschiedenen Varianten rund eine Million Mal vom Band und trug NSU Mitte der Fünziger den Titel „größter Zweiradhersteller der Welt" ein. Logischerweise kann auch das Mopedmuseum mit einigen Quickly-Modellen aufwarten.

Als der Markt mit einfachen Gebrauchsfahrzeugen gesättigt schien und die Autowelle langsam anrollte, brachten die Hersteller neue Mopedformen heraus. Luxus- und Sportmopeds sprachen vor allem Jugendliche aus gut betuchtem Elternhaus oder

Jungarbeiter mit höherem Einkommen an. Eine schöne Vertreterin dieser Spezies stellt die DKW Violetta dar. Dabei handelt es sich um ein Sportmoped des Herstellers Zweirad-Union, der 1958 aus dem Zusammenschluß der Marken DKW, Express und Victoria hervorgegangen war. Victoria hatte als Mitgift u.a. sein schickes Sportmoped „Avanti" mitgebracht, das technisch aufgemöbelt und auch als Mokick sowie als ungedrosseltes Kleinkraftrad angeboten wurde. Unter dem Markennamen Victoria hieß es weiterhin Avanti, mit dem DKW-Emblem versehen trug es den Namen Violetta, als Express nannte es sich Carino.

Einige Schritte von der Violetta entfernt findet sich im Bad Peterstaler Museum ein weiterer Beitrag zum Thema Sportmoped und gleichzeitig ein Bezug zu einem regionalen Hersteller. Wir stoßen nämlich auf eine Ecke mit zwei sehr aufwendig restaurierten Gritzner-Mopeds. Gritzner entstand 1872 in Karlsruhe als Nähmaschinenfabrik. 1887 nahm die Firma - wie viele andere dieser Branche - auch Fahrräder ins Programm und weitete 1906 das Sortiment aus: die ersten Gritzner-Motorräder entstanden. Nach dem Ersten Weltkrieg konzentrierte sich Gritzner auf den Bau von Fahrrädern und ließ den Motorradbereich für zwei Jahrzehnte ruhen. Nach der Wirtschaftskrise von 1929 fusionierten die Badener mit dem Pfälzer Nähmaschinen- und Fahrradhersteller Kayser, ebenfalls ein Traditionsunternehmen, das auf das Gründungsjahr 1865 und eine Fahrradproduktion seit 1886 zurückblicken konnte. Die neu geschaffene Gritzner Kayser AG konfektionierte mit Hilfe der Einbautriebwerke des Schweinfurter Herstellers Fichtel & Sachs verschiedene Motorfahrräder.

Blick auf den Kettenantrieb des Victoria-Hilfsmotors

Auch beim Mopedstart 1953 wollte der Badener Fahrradhersteller mitmischen. Er stellte 1953 sein Einfachst- Moped „Brummi 30" mit fahrradähnlichem Rahmen und ungefedertem Hinterrad vor. Es besaß einen Eingangmotor von 31 ccm Hubraum und wog 29 Kilogramm. Das Triebwerk wurde in Karlsruhe-Durlach selbst gefertigt, die Konstruktion soll aber aus dem Ausland angekauft worden sein. Ein recht störanfälliger Primärtrieb machte dem kleinen Zweitakter und seinen Besitzern das Leben schwer. Ein Jahr später war der Hubraum auf 39 ccm und die Leistung damit von 0.9 auf 1.2 PS angestiegen. Brummi 40 hieß diese Version. Die Ausstattung blieb allerdings weiterhin spartanisch und entsprach dem, was auch viele andere Hersteller in der Anfangsperiode der Gattung im Angebot hatten.

Dies änderte sich mit dem Modell Brummi 50 (1955). Gritzner griff wieder auf Fremdtriebwerke zurück, stattete das Moped nun mit einem Zweigang-Motor von Fichtel & Sachs und einer Telegabel vorne aus. Eine Hinterradschwinge zierte das Modell Brummi 60, ebenfalls ab 1955 angeboten. Die letzte Entwicklungsstufe der Brummi-Reihe verkörperte das Modell Brummi 70. Es besaß wiederum einen Sachs-Motor, wahlweise mit zwei oder drei Gängen ausgerüstet, eine Telegabel vorne und gedämpfte Schwingenfederung hinten. Neu war der Aufbau des Rahmens. Die blechverkleidete Rohrkonstruktion war zugunsten der modernen Schalenbauweise aufgegeben worden. Da in Karlsruhe keine Werkzeuge für die Herstellung eines Preßrahmens vorhanden waren, wurde dieser von einem Zulieferer bezogen. Ein geschlossener Kettenkasten, eine kleines „Cockpit" mit integriertem Tachometer und Scheinwerfer sowie eine zwei-Farben-Lackierung gehörten zur Grundausstattung des Brummi 70, das 1957 immerhin 719 Mark kostete.

Das Volksmoped von Rex war mit Riemenantrieb ausgerüstet

... während das Gritzner Brummi 70 über eine Kette verfügte

Der Simon-Roller aus der DDR...

... das Sportmoped Monza deluxe von Gritzner

... und der Hercules-Roller sind Beispiele für das breite Spektrum des Moped-Museums

Das Schwarzwälder Mopedmuseum präsentiert nun eines der seltenen Brummi-70-Modelle, das wie eine Kreuzung aus Heinkels „Perle" und Victorias „Vicky" aussieht. Neben dem Brummi 70 und ebenfalls in „showroom conditon" steht ein Sportmoped (hier haben wir unseren Ausgangspunkt wieder) bzw. Kleinkraftrad, zwar bei Gritzner gebaut, dort aber nicht entwickelt. Denn 1958 erweiterten die Karlsruher ihr Angebot durch Übernahme der Mopeds des Herstellers Mars. Ende des Jahres 1957 hatten die Mars-Werke in Nürnberg die Produktion eingestellt. In der Konkursmasse befanden sich die Mopeds „Milano" und „Monza". Das Monza war 1956 herausgekommen und galt als Protagonist der schnell aufblühenden Gattung der Sportmopeds. Nach dem Konkurs von Mars waren 1958 die Fertigungsvorrichtungen für das Sportmoped nach Karlsruhe gebracht worden. So war Gritzner 1958/59 in der Lage, seinen Händlern ein umfangreiches Moped-Angebot unterbreiten zu können. Unter den Brummi- und Milano-Modellen stach das Monza allerdings eindeutig als Blickfang heraus. Die Gritzner-Werbung sprach vom „Moped mit der Motorrad-Seele", stellte aber auch gleich klar: „Es bleibt aber dennoch ein Moped, hat es doch Tretpedale und entspricht in der Leistung und der Geschwindigkeit den Moped-Bestimmungen".

Bald war auch eine Ausführung mit Kickstarter erhältlich, Monza K genannt. Ebenfalls einen Kickstarter besaß das Kleinkraftrad Monza Supersport de Luxe, Flaggschiff der Gritzner-Flotte im Jahr 1960. Mit aufwendiger Zweifarbenlackierung, gediegenen Chromteilen und einer hochgezogenen Auspuffanlage beeindruckte das Gritzner-Kayser Monza Supersport de Luxe, so der volle Modellname, auch optisch.

Die „Supersport"- Kleinkrafträder von Gritzner nahmen an den damals aufkommenden Sportveranstaltungen der 50-ccm-Klasse teil und gewannen so eine gewisse Popularität. Fahrer und Tuner Willi Metzger brachte Gritzner bei den Rennen zum deutschen "Moto-Cup" in die Schlagzeilen, verhalf der Marke für kurze Zeit zu einem sportlichen Image bei der angepeilten Käuferschaft, mußte aber bald vor den Renn- und Konstruktionsabteilungen potenterer Hersteller die Segel streichen.

Vor Aufgabe der Zwieradproduktion übernahm Gritzner noch den Vertrieb eines in Österreich bei KTM gefertigten 50-ccm-Rollers. „Gritzner" verkündete ein Metallschild seitlich am Rahmen, „KTM" sagte hingegen ein Emblem am schicken Cockpit des zeitgemäß gestylten Fahrzeugs. Auch das Kleinkraftrad Monza SK war das Ergebnis internationaler Arbeitsteilung. Das Fahrwerk wurde in Italien gefertigt, die Endmontage fand in Durlach statt. Die de-

Eine Mischung aus Gelände- und Straßensportler: Zündapp-Design der frühen 70er

Zündapp-Zentrum innerhalb des Museums ...

... und Glanzstück dieser Abteilung: Modell KS 50 Super Sport von 1971

Luxe-Ausführung war mit 1098 Mark sogar etwas teurer als das Kreidler -Topmodell Florett Super.

Damit sind wir bei einem weiteren Schwerpunkt des Museums angelangt. Da es aus der schon erwähnten Kreidler-IG hervorgegangen ist, dürfte es kaum überraschen, dort einige Fahrzeuge des schwäbischen Herstellers zu finden. Unter anderem auch ein Kreidler- Junior-Moped. Es steht - wie immer - im Schatten der großen Brüder, die den Namen Florett tragen. Historisch ist das Kreidler-Moped aber mindestens ebenso interessant, da sich in ihm die Firmengeschichte mit ihren unterschiedlichen Entwicklungssträngen modellhaft konzentriert. Das Moped J 50 Junior kann als Abkömmling von Kreidlers erstem Fahrzeug, der K 50, gelten. Diese war 1951 herausgekommen. Das solide und wohldurchdachte 50-ccm-Fahrzeug (38 x 44 mm) war 1950 nach langen Tests und Probefahrten in Produktion gegangen. Es verfügte über einen Rohrrahmen mit Durchstieg, eine Telegabel, einen Zweigang-Zweitaktmotor, Pedalan-trieb und 26-Zoll-Räder. Das Triebwerk hatte schon eine hartverchromte Laufbuchse, lieferte 2 PS und beschleunigt das kleine Fahrzeug auf eine Maximal-geschwindigkeit von 54 km/h.

Aufgrund seiner soliden Bauweise brachte es 47 Kilogramm auf die Waage. Damit hatte Kreidler die Vorgabe einer neuen (international festgelegten) 50-ccm-Klasse konsequent umgesetzt und die Ablösung für die 98-ccm-Motorfahrräder bereitgestellt, eine Gattung, die bereits Mitte der dreißiger Jahre entstanden war und sich noch bis Anfang der Fünfziger halten konnte. Technisch waren damit neue Maßstäbe gesetzt. Allerdings ergab sich im Alltag ein Problem, das mit deutscher Politik und Bürokratie zusammenhing. Wer ein Fahrrad mit Hilfsmotor unter 50 ccm Hubraum benutzen wollte, war zwar von einigen Pflichten entbunden, brauchte aber trotzdem (mindestens) den Führerschein der Klasse IV. Dieser stammte noch aus der Vorkriegszeit und berechtigte Erwachsene zum Führen von Fahrzeugen bis 250 ccm. Kreidler-Käufer benötigten also diesen Führerschein, um ihr Motorfahrrad oder Kleinmotorrad benutzen zu können. Dies war natürlich nicht im Sinne des Erfinders und der Firma Kreidler ein Dorn im Auge.

Das wurde in keiner Weise besser, als der Gesetzgeber im Jahre 1953 die neue 50-ccm-Klasse endlich definierte: Mindestalter 16 Jahre, kein

Camping, ein wesentliches Thema der Moped- und Rollerzeit

Blick in die Simon-Abteilung

Kreidlers erstes Moped, das Modell Junior

Führerschein, kein TÜV, keine Geschwindigkeitsbegrenzung, aber ein Maximalgewicht von 33 Kilogramm. Offiziell war im Gesetz vom „Fahrrad mit Hilfsmotor" die Rede. Die Industrie lancierte aber den Namen „Moped", der sich schnell durchsetzte. Nachdem der Startschuß gefallen war, tauchten schnell die unterschiedlichsten Konstruktionen auf. Allerdings kein Kreidler-Moped. Das Modell K 50 erfüllte nicht die vorgegebenen Kriterien, lag es doch mit 47 Kilogramm deutlich über dem Limit.

Die Schwaben reagierten auf die Moped-Herausforderung nicht einfach mit einer abgespeckten Variante der K 50, sondern mit einer interessanten Doppelstrategie. Zum einen wanderte ein vereinfachtes K-50-Triebwerk in einen neuen Tankrahmen, mit dessen Hilfe das Fahrzeuggewicht auf 33 Kilogramm gesenkt werden konnte. Damit sind wir bei der J 50, Kreidlers „Junior", wie das neue Eingang-Moped hieß, das ab 1954 ungefedert oder mit einer einfachen Gabel erhältlich war. 1955 erschien der aufgerüstete Nachfolger J 51, nun mit Vorderradschwinge und Zweigangmotor. Ein Jahr später hatte das Moped eine Hinterradfederung erhalten und nannte sich J 51-1. Eine Variante mit Beinschildern und Trittbrettern vermittelte Rollergefühl und hieß deswegen J 51-R.

Vom Moped weg, direkt in die Gegenrichtung, führte Kreidlers Alternativ-Weg, der sich als besonders zukunftsträchtig erweisen sollte. Die Schwaben rüsteten die „überschwere" K 50 auf Fußrasten und Kickstarter um. Das Fahrzeug war damit kein Motorfahrrad mehr, sondern ein Kleinmotorrad. Dazu benötigte man 1955 noch den erwähnten Führerschein der Klasse IV. Im Jahr darauf hatte sich - wohl im Hinblick auf Fahrzeuge wie Kreidlers K 50 - diese Führerschein-Klasse aber stark verändert. Eine Neuregelung legte folgenden Bereich fest: maximal 50 ccm Hubraum, keine Geschwindigkeits- oder Gewichtslimits, Mindestalter 16 Jahre, einfaches Prüfungsverfahren. Der Käuferkreis von Kreidlers K 50 war damit beträchtlich erweitert worden, und die Schwaben konnten sich rühmen, Vorreiter auf diesem Gebiet gewesen zu sein.

Zurück von Schwaben nach Südbaden. Was bisher beschrieben wurde, ist nur ein kleiner Auschnitt aus dem Museumsbestand. Da wäre z.B. noch eine Reihe von frühen Mofas zu erwähnen, Fortführung des Mopeds mit anderen Mitteln: u.a. Velosoelx,

Kreidler Florett Super 4 von 1965

Blick auf die Moped-Galerie des Museums

Motograziella, Hercules L 50. Oder eine interessante Kollektion von Simson-Fahrzeugen aus der DDR (Schwalbe, Habicht, Spatz, Mofa SL 1). Nicht zu vergessen zahlreiche Zündapp-Modelle der Combinette- und KS-Baureihe. Die Roller wurden schon erwähnt: es handelt sich u.a. um Klassiker von Vespa, Zündapp und Hercules.

Alte Radios, Fahrräder, Emailschilder und Werkzeuge flankieren die 50-ccm-Fahrzeuge. Eine kleine Campingszene mit Kofferadio, Baumwollzelt, Moped und Zweiradanhänger bildet einen schönen Wendepunkt innerhalb der Ausstellung. Der ganze Museumsbetrieb funktioniert übrigens auf rein ehrenamtlicher Basis. Am Sonntag, dem (bislang) einzigen Öffnungstag, stehen Vereinsmitglieder zum Museumsdienst bereit, informieren und führen die Besucher durch die Ausstellung, vermitteln Kontakte, leiten Fragen und Anregungen weiter.

Adresse und Öffnungszeiten:
Schwarzwälder Moped- und Roller-Museum
Renchtalstr. 49, Bad Peterstal
Tel: 07852/999722 oder 07852/5175
Geöffnet April bis Oktober,
sonntags von 11-17 Uhr

Runter von der Straße, rein ins Museum

50 Jahre Zweiradveteranen in Deutschland

von Manfred Nabinger

Regelmäßig setzen wir an dieser Stelle die Jubiläums-Brille auf und blicken 25 oder 50 Jahre zurück. Die Rückschau mit der Reichweite eines halben Jahrhunderts läßt uns dieses Mal das Jahr 1956 vor Augen treten. Bei näherer Betrachtung bemerken wir eine seltsame Koppelung von Ereignissen und Tendenzen, die sich unter der Schlagzeile „Niedergang des Motorrad-Marktes, Aufstieg der Veteranen-Szene" zusammenfassen ließen. Sehen wir uns das einmal näher an.

Eine erste oberflächliche Betrachtung läßt uns zahlreichen Klassiker der fünfziger Jahre entdecken, die damals immer noch aktuell oder sogar gerade erst herausgekommen waren. Dabei handelt es sich um solch prestigeträchtige Maschinen wie die Horex Resident, die BMW- Schwingen-Reihe mit den Modellen R 50, R 60 und R 26, die NSU Super Max, Zündapps 250 S, das Kleinkraftrad Kreidler Florett, das Sportmoped Mars Monza und eine ganze Menge unterschiedlicher Roller-Modelle.

Technisch gesehen stand erstmals eine neue Generation von Motorrädern am Start, die sich fahrwerksmäßig endgültig von der Vorkriegstechnik mit Telegabel und Geradwegfederung hinten verabschiedet hatte. Die neue Tendenz ging zum Vollschwingen-

„Vollschwinge" hieß das Stichwort des Jahres 1956. Hier der Beitrag von DKW (RT 175 VS)

„Trophy" hießen die Vollschwingenmodelle von Zündapp

fahrwerk und damit zu besseren Straßenlage und mehr Fahrkomfort. Hinzu kamen ein- und auslaßseitig besser abgestimmte Motoren mit verkleideten Vergasern, kräftigerer Elektrik und deutlich erhöhter Hubraumleistung.

Tornax spielte mit seinem Modell 250 S („schwarze Josephine") den Vorreiter auf diesem Gebiet. 1954 wurde die Viertelliter-Tornax mit dem ILO-Zweitakttwin von 15 PS zum Stichwortgeber für die gesamte Branche. 1956 hatten fast alle Hersteller ihre Vollschwingen-Modelle an den Start gebracht. BMW war in der 500-ccm-Klasse bereits 1955 mit dem Modell R 50 dabei und ließ ein Jahr später den 600-ccm-Boxer R 60 sowie das Einzylindermodell R 26 folgen. Die R 26 war ein kräftiger Brocken von rund 170 Kilogramm Gesamtgewicht, denen der klassische Ohv-Einzylinder gegenüberstand, wie er aus den R 24- und R-25-Modellen seit Jahren bekannt war. Seine Leistung war auf 15 PS angehoben worden. Die entsprechenden Drehzahlen führten übrigens zu einigen Rahmenschäden, weswegen der Motor im Nachfolgemodell R 27 nur noch „schwebend" arbeiten durfte.

Auch DKW konnte 1956 seine Vollschwingenreihe präsentieren: sie trug dementsprechend das Kürzel „VS" und umfaßte drei Modelle mit 175-ccm, 200-ccm- und 250-ccm-Motoren. Die VS-Maschinen fielen durch glattflächige Vergaserverkleidungen und ein verkleidetes Cockpit auf. Man sieht sie heute eher selten, denn der Verkauf blieb gegenüber den RT/H- bzw. RT/S-Vorgängern deutlich zurück.

Für Konfektionäre hatte Fichtel & Sachs 1956 einen neuen Motor im Angebot: den „neuen 98er", der zahlreichen Konfektionären in den Folgejahren ein Auskommen sicherte. Hubraummäßig konnte er als Nachfolger des 98-ccm-Triebwerks für Motorfahrräder gelten, war aber für gänzlich andere Einsatzzwecke und Leistungsbereiche konzipiert. Mit seinen 5.2 PS (später 6.6 PS) und dem Dreiganggetriebe paßte er in ein flottes Kleinmotorrad. Entsprechende Modelle im Vollschwingen-Stil ließen nicht lange auf sich warten. So finden wir 1956 die Namen der bekannteren Konfektionäre unter der Rubrik „bis 100 ccm Hubraum" mit Neuvorstellungen vertreten. Express bot beispielsweise sein Radex 102 an, Göricke sein Modell 100 S, Hercules die bald sehr populäre K 100, Panther das Modell KS 101, Rabeneick die L 100/3. Geringe Haftpflichtprämien machten die 100-ccm-Klasse für Einsteiger oder Besitzer eines Zweitfahrzeugs neben dem Auto attrak-

Hallo! Schön bequem auf der Max? Nein? Bald wird die Hinterradfederung verbessert

1956: Letztes Jahr für die NSU-Lambretta...

... und Debütvorstellung des BMW R 60

tiv. Ende der fünfziger Jahre kostete eine 250-ccm-Maschine das Zehnfache einer 98er! Käufer von Horex-Motorrädern interessierte dies weniger. Sie wollten hohe Leistungen und elegante Fahrzeuge. Ab Ende1955 bot Horex für diese Käufer-schaft die Modelle Resident 250 und 350 mit 19 PS bzw. 24 PS an. Dabei handelte es sich wiederum um Vollschwingen-Maschinen. Sie sollten die Nachfolge der Regina antreten, eines Klassikers, der auch heute noch zu den Favoriten der Veteranenszene zählt. Optisch hatte es die Resident schwer mit dem Vorgänger mitzuhalten. Auch die Verkaufszahlen ließen ihr keine Chance, die Popularität der Regina zu erreichen.

NSU hatte mit Fox, Lux und Max schon seit Jahren Vollschwingen-Maschinen im Programm. 1956 kamen die Modelle Supermax und Maxi heraus. Die Leistungsangabe der Supermax lautete stat 17 PS nun 18 PS bei 7000 U/min, motorisch war aber eigentlich alles beim alten geblieben. Die wesentlichen Änderungen betrafen das Fahrwerk. Häufig war die Zentralfederung der Max als verbesserungsbedürftig empfunden worden. Der Zubehörhandel bot deswegen konventionelle Federbeine an, mit denen die Fahrzeuge nachgerüstet werden konnten. Die neue Supermax verzichtete deswegen auf das zentrale Federelement und verfügte über zwei ölgedämpfte Federbeine rechts und links. Aufgrund der verstärkten Hinterradfederung wurden die NSU-Maschinen nun der Bezeichnung „Vollschwinge" gerecht. Der neue Rahmen und die zwei separaten Federelemente trieben allerdings das Gewicht in die Höhe; das Leergewicht lag jetzt bei 174 kg und damit in BMW-Bereichen.

Die Maxi war eigentlich eine Superfox mit größerem Hubraum und der Fahrwerkstechnik der Supermax. Die Bohrung der Superfox war auf 62 mm erhöht worden, die Leistung stieg mit diesem Hubraumzuwachs und einem größeren Vergaser auf 12.5 PS bei 6500 U/min. Zur Anwendung kam wieder die mittlerweile hunderttausendfach bewährte Ultramax-Steuerung. Als einziges Modell der Serienmaschinen mit Preßstahl-Rahmen rollte die Maxi auf 18-Zoll-Rädern; Fox, Max, Lux und Superfox waren alle mit 19-Zöllern ausgerüstet gewesen. Die Maxi überlebte die Supermax immerhin um ein Jahr: 1964 wurden die letzten Exemplare zusammengeschaubt. Insgesamt kamen über 31.000 Stück zustande, kein Pappenstiel in einer Phase des absoluten Motorrad-Tiefs.

Victoria wollte 1956 ultramodern sein und brachte eine 200-ccm-Maschine namens Swing heraus, dessen Viergangschaltung elektromagnetisch betätigt wurde. Das klappte leider nicht immer, weswegen die Swing heute zu den Raritäten der Veteranen-Szene zählt. Sie besaß einen Zweitakter mit liegendem Zylinder, der 11 PS bei 5300 U/min lei-

Der BMW-Einzylinder als „Schwebemotor" im Vollschwingen-Fahrwerk (R 27)

Impressionen von der Pfingstrallye in Neckarsulm: 80-Kilometer-Fahrt über Land (oben) und Parade in Neckarsulm (unten)

Ebenso interessant wie die Rallyefahrzeuge, sind aus heutiger Sicht die Zweiräder am Straßenrand

Viel Klamauk gabs am Start...

... und unterwegs

stete und in eine Triebsatzschwinge integriert war. Ein Vollschwingenfahrwerk war natürlich obligat.

Auch Zündapp rüstete1956 auf Vollschwinge um. Die neuen Trophy-Modelle ersetzten die Elastic-Reihe, griffen aber auf deren Rückgratrahmen und Motoren zurück. Die Neuerscheinungen hießen Trophy 175 S, 200 S und 250 S mit Leistungen von 10, 12 und 14 PS.

Trotz dieser Flut von neuen Modellen funkte es in der Branche gewaltig. Bei genauerem Hinsehen offenbarte sich nämlich eine Tendenz, die die zahlreichen Neukonstruktionen in keiner Weise rechtfertigte. 1955 waren die Motorrad-Absatzzahlen erstmals gesunken. 1956 schnitten sich die Bestandslinien von Auto und Motorrad aus einem beunruhigenden Grund: die Zweiradkurve traf im Abwärtstrend auf die Vierradkurve in der Aufwärtsbewegung. Anders gesagt: 1956 waren erstmals seit Beginn der Massenmotorisierung mehr Autos als Motorräder zugelassen. 1956 offenbarte sich, daß der Markt nicht nur gesättigt war, sondern dramatisch schrumpfte. 1956 wurden 2.2 Millionen zugelassene Motorräder registriert, zehn Jahre später nur noch knapp 500.000. Die Talfahrt ging weiter: 1971 vermeldete das Kraftfahrtbundesamt dann den historischen Tiefststand von 133.113 Maschinen.

Kein Wunder, daß eine große Welle von Pleiten, Betriebsschließungen und Produktionseinstellungen anrollte. Tornax hatte schon 1955/56 aufgegeben. Adler in Frankfurt und Triumph in Nürnberg, renommierte Firmen mit langer Zweiradgeschichte, erlebten 1957 ihr letztes Produktionsjahr als Motorradhersteller. Beide Firmen gingen im Grundig-Konzern auf, wo sie sich neuen Produktionsbereichen zuwandten.

Zahlreiche Konfektionäre wechselten in andere Branchen, konzentrierten sich auf Mopeds und Fahrräder oder gaben ganz auf. Horex sollte die 50er Jahre als Motorradproduzent nicht überleben, DKW, Express und Victoria verloren ihren Status als eigenständige Unternehmung, BMW und NSU sicherten ihre Existenz als Autohersteller, die - länger oder kürzer - einem Zweiradhobby frönten. Nach fünf Jahren war der Markt zusammengebrochen, die Überlebenden Motorradfirmen konnte man fast an einer Hand abzählen.

Daß die Zweiradbranche in der Bundesrepublik Deutschland nach 1956 noch jahrzehntelang existieren konnte, hatte vor allem zwei Gründe. Der eine hieß Moped, der andere Roller. Diese beiden Gattungen befanden sich bis ASnfang der 60er Jahre nämlich noch im Aufwärtstrend, versprachen Absatzchancen und gaben damit eine gewisse Kalkulationegrundlage für Betriebe und Banken. Der Roller-Markt war zusammen mit dem Motorradbereich gewachsen, folgte aber etwas anderen Tendenz. Der Absatz stieg bis 1959 weiter an, der Bestand wuchs sogar bis ins Jahr 1962. Dann erfolgte ein langsamer Abstieg.Roller hielten sich die Leute länger als Zweitfahrzeuge; Roller erinnerten kaum an die „schlechten Zeiten" oder an die Vorkriegsjahre, mit denen Motorräder oft in Verbindung gebracht wurden; Roller hatten kein proletarisches Image, sondern entsprachen als „Zweiradauto" eher den Midlle-Class-Vorstellungen eines individuellen Verkehrsmittels; Roller waren modern, wurden mit Urlaub, Sonne und dem Lebensstil südlicher Länder assoziiert.

Der Roller war also gegen das Abdriften ins Subkuturelle, das die 60er Jahre dem Motorrad in zahlreichen europäischen Ländern bescherte, weitgehend gefeit. Allerdings nicht ganz: die englischen Mods wählten den „Scooter" zum Fahrzeug und Kultobjekt ihrer Wahl, was dem Roller im allgemeinen aber nicht schadete. Im Gegensatz zum Motorrad, das stark unter der Verbindung zu Rockern oder „Halbstarken" litt. Zu den Sonderlingen oder schrägen Existenzen zählte die Autogesellschaft bald auch den harte Kern der „echten" Motorradfahrer, der sich beispielsweise beim 1956 gegründeten „Elefantentreffen" zusammenfand.

Daß solche Imageprobleme auch einmal auf das Moped bzw. seine Nachfolger zukommen könnten, ließ sich bereits im Jahre 1956 erahnen. Der Bestand war von 150.000 Exemplaren (1953) auf über eine Million Fahrzeuge hochgeschnellt. Der Gestzgeber begann, die Reglementierungen zu verschärfen. 1956 kamm die Geschwindigkeitsbegrenzung auf 40 km/h. Der Bestand stieg trotzdem bis 1961 stetig an und erlebte erst nach Einführung des Führerscheinzwags einen drastischen Rückgang, der später durch Einführung des Mofas 25 (1965) wieder einigermaßen ausgeglichen wurde. Das Jahr 1956 sah die Geburt einer neuen Gattung. Als Fortführung des „Schnellen" Mopeds mit anderen Mitteln entstnad das ungedrosselte Kleinkraftrad. Die Neuregelung der Führerschein-Klasse IV machte es möglich. Nun konnten Jugendliche ab 16 Jahren 50-ccm-Fahrzeuge fahren, die hinsichtlich Leistung oder Höchstgeschwindigkeit keinen Beschränkungen unterlagen. Von diesem neu geschaffenen Sektor lebten in den Folgejahren einige Hersteller nicht schlecht. Vor allem die Firma Kreidler sei hier genannt. Sie stellte 1956 ihr Modell „Florett" vor, das bald zum Inbegriff der ganzen Gattung wurde. Das ungedrosselte Klienkraftrad markierte die neue Position des motorisierten Zweirades in der Autogesellschaft: es stand für

Uniformen und Verkleidungen gehörten damals bei Veteranen-Veranstaltungen zum guten Ton

Sportlichkeit, jugendlichen Tatendrang und stand in keinem Widerspruch zu einer späteren „Autokarriere". Mit der der Übertragung dieser Inhalte auf einen Erwachsenenmarkt begründete wenig später Soichiro Honda seinen Welterfolg.

Mitten im sich abzeichnenden Niedergang des Motorrades stoßen wir nun auf ein merkwürdiges Phänomen: das erste Motorrad-Museum Deutschlands wird eröffnet. Hierin könnte man die Befürchtung walten sehen, das Motorrad sei bald nur noch etwas Historisches. Bei der Planung war aber sicher anders gedacht worden. Da wollte man den Boom feiern, auf dem Höhepunkt stolz zurückblicken. NSU galt als größter Zweiradproduzent der Welt, also war der Firmenstandort Neckarsulm der Platz der Wahl.

Mit starker Unterstützung der Industrie (z.B. NSU, Fichtel & Sachs; Bosch) und aufgrund großen Engagements der Stadtverwaltung begann man dort 1955 mit dem Bau des Museums. An Pfingsten 1956 wurde das „Deutsche Zweiradmuseum" eröffnet und von einer Veteranen-Rallye durch Neckarsulm und das Umland gekrönt. Bei dieser Rallye fuhren Fahrräder, Motorräder und historische Automobile mit. Die Nekarsulmer Rallye gab 1956 den Startschuß für die deutsche (und kontinentale) Zweirad-Veteranen-Szene, die sich in der Folge enorm entwickelte. Aus heutiger Sicht handelte es sich eher um eine Art Karnevalsumzug mit rollendem Kuriositäten-Kabinett. Viele Fahrer waren historisch kostümiert, hatten Bärte angeklebt und präsentierten sich dem Publikum als Clowns auf zwei oder vier Rädern.

Zugleich war die Veranstaltung aber auch ein hochkarätiges Insidertreffen und gab einen Vorgeschmack auf die Rallyes späterer Jahre, wo Geschicklichkeit und Orientierung des Fahrers sowie Zuverlässigkeit der Maschinen getestet wurden. Als „alte Motorräder" galten damals im wesentlichen Maschinen aus der Zeit vor dem Ersten Weltkrieg oder Raritäten aus den frühen Zwanzigern. Sie zu erhalten war ungleich schwerer als heute, wo eine regelrechte Restauration-Industrie existiert, die sich modernster Mittel bedient.

Aus dem Kreis der technisch und historisch stärker interessierten Fahrer kam in der Folgezeit immer deutlichere Kritik am „Kirmes-Charakter" der Rallyes. Einige engagierte Rallye-Teilnehmer taten

Man beachte die Flaggen im Hintergrund. Die Eröffnung des Zweiradmuseums war von internationaler Bedeutung

Die Eröffnungsrallye zog 1956 ein Massenpublikum an

sich zusammen und gründeten 1959 in Neckarsulm den „Veteranen-Fahrzeug-Verband" (VFV), der sich um die Pflege der Fahrzeuggeschichte unter sportlich-ernsthaften Aspekten kümmern und eine Alternative zum elitären Schnauferl-Club darstellen sollte. Wesentliche Aufgaben des VFV waren (und sind) Veranstaltung von Treffen und Rallyes, Erstellen von Dokumentationen und Schaffung einer Organisation, wo Interessierte Informationen austauschen konnten. In Großbritannien war bereits 1946 eine ähnliche Vereinigung, der VMCC (Vintage Motor Cycle Club), gegründet worden, in den Niederlanden existierte seit 1954 der VMC (Veteranen-Motoren-Club).

Es dauerte einige Zeit, bis sich die Zweiräder von den Automobilen emanzipierten und eigene Veranstaltungen erhielten. Die erste Rallye, die ausschließlich für Zweiradveteranen ausgeschrieben wurde, fand 1972 in Xanten statt. Ihr Nachfolger war die Pfingstrallye in Ibbenbüren, die seit 1981 ausgetragen wird und den Schwerpunkt auf Vorkriegsmaschinen und Fahrzeuge der Pionierzeit legt.

Die Entwicklung der Veteranen-Szene seit 1956 spiegelt sich in Gestaltung und Bestückung des Neckarsulmer Museums deutlich wider. Bei Einrichtung des Museums orientierte man sich am Restaurationsstandard und dem historischen Verständnis der fünfziger und sechziger Jahre. Seit der ersten Rallye an Pfingsten 1956 hat sich die Zweirad-Veteranen-Szene aber drastisch verändert. Die rasende Entwicklung auf dem Motorradmarkt und der unglaubliche Boom des Veteranenhobbys machten auch vor dem Deutschen Zweiradmuseum nicht halt.

Spätestens in den achtziger Jahren wirkten Präsentation und Bestand altbacken. Das Publikum war mittlerweile anderes gewöhnt. Neuen technischen Entwicklungen war Rechnung zu tragen, ebenso neuen Sammeltendenzen (z.B. Mopeds) und nicht zuletzt dem deutlich gestiegenen Restaurationsstand. Eine Umgestaltung war dringend nötig. Obwohl NSU im VW-Konzern kein Markenname und Neckarsulm auch kein zentraler Standort der Zweiradindustrie mehr war, hielt die Stadt Neckarsulm weiter am Museum fest. Sie beschloß einen Umbau mit großzügiger Erweiterung in die Wege zu leiten. 1990 blieb das Museum für 18 Monate geschlossen, während derer der Umbau vonstatten ging. Die Neueröffnung 1991 zeigte dem Publikum eine völlig neu gestaltete Einrichtung, zusätzliche Räume (einer speziell für Sonderausstellungen) und zahlreiche neue Exponate.

Das ist nun auch schon wieder 15 Jahre her. Die Museumsszene hat sich erneut stark gewandelt. Gegenstände der Alltagskultur sind mittlerweile durchaus präsentabel, das Niveau der Präsentation hat sich aber dabei auch verändert. Originalität und „Spaßfaktor" sind gefragte Werte. Zum Jubiläumsjahr 2006 wird Neckarsulm diesen Anforderungen stärker Rechnung tragen. Man wird vermehrt interaktive Elemente einbauen, Hör- und Ausprobierstationen einrichten. Um ein breiteres Publikum anzusprechen sollen jeweils Hintergrundinformationen die Exponate ergänzen. Zudem möchte man den Bestand aktualisieren, um die Entwicklungen der lezten zwei Jahrzehnte nicht auszublenden. Die Zweiradszene hat in den vergangenen Jahrzehnten einen langen Weg zurückgelegt. Das Jahr 1956 erwies sich dabei gleichermaßen als Wende- wie als Ausgangspunkt, der heute nichts von seiner Bedeutung eingebüßt hat.

Heute ein Uralt-Oldtimer, damals ein „Na-ja"-Veteran

Zylinder, Fräcke und andere Kostüme stießen in der Folge auf starke Kritik innerhalb der Veteranen-Szene

Auch das war 1956: H. P. Müller bei NSU-Rekordversuchen in den USA

Geschicklichkeitstests zählten zum Repertoire der ersten Rallyes

Die 50er blicken auf die 20er zurück: wie drollig!

Auch damals waren bereits Sponsoren gefragt

NSU präsentierte sein Programm: von der Rennmaschine bis zum Quickly

Sieger-Typen, Rennmotorräder 1920-1940

Motorradausstellung der Superlative in Wien

von Jürgen Nöll

Um sich Marktanteile durch Sporterfolge zu sichern, unterhielten fast alle großen Motorradhersteller in der Zeit zwischen den beiden Weltkriegen Rennabteilungen. Erfolgreiche Motorradmarken erlangten fast einen Kultstatus und die Sieger-Typen wurden zu Volkshelden.

Durch den Rennsport wurde die technische Entwicklung forciert: Was mit einfachen Einzylindermotoren in verstärkten Fahrradrahmen begann, entwickelte sich zu zweirädrigen Kraftpaketen mit ausgefeilter Technik. Innovationen, die der Gegenwart zugerechnet werden, wurden schon damals eifrig eingesetzt: Durch die Kompressortechnologie beispielsweise konnte die Leistung der Rennmaschinen von rund 10 auf über 50 PS gesteigert werden.

Experten unter sich: Karl Reese, Ehrenpräsident des Veteranen- Fahrzeug- Verbandes, Manfred Schweiger, Restaurator des Deutschen Museums und Gerhard Schaukal vom Technischen Museum Wien (von links)

„Siegertypen" – Plakat zur einer einmaligen Ausstellung von Raritäten aus der ganzen Welt

Das Technische Museum Wien zeigte von November 2001 bis Februar 2002 unter dem Motto „Sieger-Typen" eine Schau der Superlative: Mit mehr als 130 historischen Rennmotorrädern war damit eine der umfassensten Ausstellungen zur Motorradgeschichte der Zwischenkriegszeit zu sehen. Die Raritäten wurden von internationalen Museen sowie von privaten Leihgebern zur Verfügung gestellt.

Die Ausstellung zeigte eine repräsentative Auswahl aller bedeutenden Modelle und Marken, u.a. Norton, Moto Guzzi, Sunbeam, Garelli, BMW, Zenith oder AJS. Neben der Präsentation außergewöhnlicher Exponate beleuchtete „Sieger-Typen" anhand von Themeninseln wie Straßenrennen, Bahnrennen, Bergrennen und Rekordrennen die technik- und sport-historischen Hintergründe jener Zeit.

Da in England Motorsportwettbewerbe auf öffentlichen Straßen nicht erlaubt waren, wich der Sportverband ACU (Auto Cycle Union) 1907 auf die Insel Man in der Irischen See aus und schrieb dort die erste „Tourist Trophy" aus – dies war die Geburts-

Aus zwei mach eins: Frühe INDIAN- Rennmaschine, der zur Teilnahme in der Halbliter-Klasse...

... kurzerhand der vordere Zylinder demontiert wurde

stunde einer der traditionsreichsten Motorsportveranstaltungen der Welt. Bei der „Tourist Trophy", die seither auf einem rund 61 Kilometer langen, kurvenreichen und hügeligen Rundkurs abgehalten wird, sollte es ursprünglich um den sportlichen Vergleich von Serienmaschinen gehen. Mit der Festlegung der Hubraumklassen 350 cm^3 und 500 cm^3, die 1912 erfolgte, wurde jedoch der Einsatz speziell entwickelter Rennmotorräder forciert.

Auf dem europäischen Festland orientierte man sich bei der Austragung von Motorradrennen am englischen Vorbild, wobei allerdings die Bezeichnung „Tourist Trophy" nicht einheitlich übernommen wurde, sondern die größten Rennen in vielen Fällen auch als „Große Preise" ausgelobt wurden. Der erste Motorrad- Grand- Prix wurde 1920 in Frankreich (Le Mans) gefahren, weitere Premieren folgten in Belgien (Spa, 1921), in Italien (Monza, 1922), in Nordirland (Belfast, 1922), in der Schweiz (Lac du Jour, 1922), in Österreich (Wienerwald, 1923), in Ungarn (Budapest, 1924) oder in Deutschland (Solitude, 1925). Ab 1924 wurde jeweils eines dieser jährlich stattfindenden Rennen als „Großer Preis von Europa" tituliert; die Sieger der einzelnen Hubraumklassen – inzwischen waren 175, 250, 750 und 1000 cm^3 hinzugekommen – durften den Titel „Europameister" tragen. Dieser Modus wurde erst 1938 geändert, für den Gewinn des begehrten Titels wurde nun die Wertung mehrerer Grand- Prix-Rennen herangezogen.

Die eingeschränkten Möglichkeiten, auf Straßen Rennen abzuhalten, rief die Motorsportverantwortlichen bald auf den Plan, eigene Renn- und Teststrecken zu errichten. 1907 war es soweit: In Brooklands – südwestlich von London – wurde ein 4,5 km langes Betonoval mit überhöhten Kurven in Betrieb genommen; Fahrzeughersteller, Rennteams, Techniker und Fahrer fanden für ihren Sport nun ideale Bedingungen vor. Jeden Tag herrschte reges Treiben: Auf die zahllosen Test- und Trainingseinheiten folgten immer wieder Rennen, Rekordfahrten, Langstrekkenprüfungen oder Nachtfahrten.

Wie so oft im Motorradrennsport folgte das europäische Festland auch bei der Errichtung von Betonbahnen dem englischen Vorbild. Es entstanden ähnliche Beton- Ovale in Italien (Monza, 1922), Frankreich (Monthéry, 1924) oder Deutschland (die berühmte AVUS in Berlin wurde zwar bereits 1921 mit zwei 8 km langen Geraden errichtet, erhielt aber erst 1937 eine Steilkurve).

Vor eindrucksvoller Kulisse: Raritäten aus den europäischen Nachbarländern

Die englische Fraktion der späten 20er und frühen 30er Jahre mit Norton, New Imperial Velocette und Rudge

Was hier wie Miniaturen im Setzkasten aussieht, waren alles Original-Rennmaschinen

Untrennbar miteinander verbunden: Europameister und TT- Sieger von 1939 Georg "Schorsch" Meier und die Weiß-Blauen aus München

Rennmaschinen, die auf der Brooklands-Bahn in London an den Start gingen, brauchten wie diese Zenith die vorgeschriebenen Brooklands-Schalldämpfer

David und Goliath: Neben der mächtigen Zweizylinder-Maschine wirkt die nur 69 Kilogramm wiegende OPEL-Bahnrennmaschine von 1922 direkt winzig

Schmuckstück von der Insel: Ganz und gar vernickelt präsentierte sich diese englische New Hudson

Zahlreiche namhafte Waffenmanufakturen widmeten sich auch der Herstellung von Motorrädern wie zum Beispiel BSA in England oder der Hersteller dieser Königswellen-Rennmaschine, FN in Belgien

In der zweiten Hälfte der 20er Jahre entstand diese Allright- KG Rennmaschine. Sie verfügt über einen Doppelport-Blockmotor und Kardanantrieb zum Hinterrad

Die Frera mit dem 500er Einzylinder OHV- Motor aus den späten 20er Jahren besitzt typische englische Bautendenzen. Sie erinnert stark an die Modelle von Norton und Sunbeam aus dieser Zeit

Galt viele Jahre als das Maß der Dinge: Halbliter- Norton, Modell CS1. Eine Königswelle treibt die obenliegende Nockenwelle an

Die Fa. Motosacoche (MAG) war einst Europas größter Hersteller von Einbaumotoren. Diese OHV- Zweizylinder-Rennmaschine besaß 496 ccm Hubraum und wurde u.a. von dem bekannten Tessiner Rennfahrer Francesco Franconi erfolgreich eingesetzt

Bereits in den Anfängen des Motorradsports galt das Bezwingen von Wegen und Pässen in den Alpen als beliebte sportliche Herausforderung. Während die starken Steigungen einiges vom Motor abverlangten, war bei den zahllosen Kurven vor allem das fahrerische Talent des Sportlers gefragt.

Ihre Blütezeit hatten die Bergrennen in den zwanziger Jahren. Einen besonderen Stellenwert hatte das Semmering- Rennen, das ab 1902 abgehalten wurde. Es zählte vor allem in den Jahren 1921 bis 1933 zu den Höhepunkten der österreichischen Motorsportsaison und fand auch international große Beachtung.

Ende der zwanziger Jahre setzte sich eine besondere Variante der Bahnrennen durch, die in Australien ihren Ursprung hatte: Dirt- Track- Rennen bzw. Speedwayrennen.

Dabei handelt es um Rennen, die auf Ovalkursen mit einer Rundenlänge von höchstens 400 Metern gefahren werden. Unkomplizierte Regeln, die Übersichtlichkeit der Strecke und nicht zuletzt die aufregende Dramaturgie mit mehreren Entscheidungsläufen machen die auf Asche gefahrenen Rennen beim Publikum sehr beliebt. Historische Bedeutung erlangten die Speedway- Rennen durch die erste Weltmei-

Kann es eine schönere Motor- Architektur als an diesem DOHC- Triebwerk geben?

Doppelport der Sinn macht: An dieser Achtventil- Renn-Harley besitzt jedes Auslassventil einen eigenen Auspufftrakt

Anfang der 30er Jahre machte diese 500er Motosacoche-Rennmaschine aus der Schweiz mit ihrem leistungsstarken D 50-Rennmotor auf sich aufmerksam

244 cm^3 2T 4 Kolben-Motor: Diese interessante Rennmaschine wurde 1924 von Helmuth Hirth in Stuttgart-Feuerback gebaut

sterschaft im Motorsport, die 1936 in dieser Sportart durchgeführt wurde.

Aber auch die Jagd nach Geschwindigkeitsrekorden übte von Beginn an für Motorradrennfahrer und -hersteller eine besondere Faszination aus. Geschwindigkeiten jenseits der 180 km/h waren freilich nur auf ausgewählten Strecken möglich. In Europa waren dies beispielsweise das Betonoval in Brooklands, die Bahnen in Arpajon (F), auf der Neunkirchner Allee vor den Toren Wiens, in Gyon (H) oder auf den ersten Autobahnen in Deutschland. Anfangs dominierten die Engländer mit 1000-cm^3-JAP-Motoren in unterschiedlichen Fahrgestellen das Feld, doch die Konkurrenz wurde immer stärker: Neben Gilera (I) in den 30ern, tat sich vor allem BMW mit Ernst Henne als Fahrer hervor, der die Bestmarke zwischen 1929 und 1937 von 216,8 auf 279, 5 km/h steigerte. Ein Rekord, der 14 Jahre lang Bestand haben sollte.

Die gesamte Komplexität dieser Thematik sowohl dem Fachbesucher wie auch dem Laien eindrucksvoll zu vermitteln, stellten die „Macher" des Technischen Museums Wien vor eine schwierige Aufgabe. Und dennoch: durch die geschickte Anordnung der einzel-

Ganz in weiß, die belgische 350er FN Sport, die noch mit Klotzbremsen vorn und hinten ausgestattet ist

Immer wieder eine Augenweide waren die zahlreichen Zweizylinder- Dickschiffe, hier sogar mit Vierventil-Zylinderköpfen

nen Fahrzeuggruppen, begleitet von Filmvorführungen und Großdarstellungen von Rennszenen auf gewaltigen Bildwänden, ja sogar einer echten Steilwand, in der Maschinen ihre Jagd nach Geschwindigkeitsrekorden noch immer fortzusetzen schienen, mit all dem gelang es den Verantwortlichen Caroline Haas und Gerhard Schaukal in hervorragender Weise, die Meßlatte für eine faszinierende Rennmaschinen-Ausstellung auf ein neues Höchstmaß zu schrauben.

Direkt von der Rennstrecke ins Museum: Das Moto Guzzi Renngespann zeigt noch deutliche Gebrauchsspuren

Die Ausstellung „Sieger-Typen" galt zweifellos als Höhepunkt des „Jahres des Verkehrs" im Technisches Museum Wien.

Typisch Moto Guzzi: bereits in den zwanziger Jahren besaßen die Werksrennmaschinen aus Mandello am Comer See liegende Einzylinder-Königswellenmotoren

Gegen Ende der 30er Jahre baute NSU in Neckarsulm diese Einzylinder-Doppelnocken-Rennmaschine, die auch kurz nach dem Zweiten Weltkrieg noch zum Einsatz kam

Eine der letzten Motosacoche-Werksrennmaschine mit Königswellen- Motor entstand in der ersten Hälfte der 30er Jahre

Englische Rennmaschinen-Flotte, angeführt von drei Modellen aus dem Hause NORTON

Absolute Rarität: Die 350er FN- Werksrennmaschine, die erstmals 1923 zum Einsatz kam, erwies sich zwar als schnell aber noch zu wenig zuverlässig. Rechts: Blackburne-Chefkonstrukteur H. J. Hatch konstruierte exklusiv für Excelsior »the Mechanical Marvel«, das mechanische Wunder. Das Königswellentriebwerk gab es mit 250, 350 und 500 ccm Hubraum als zwei- und als Vierventilmotor

Und noch einmal Königswelle: Mit diesem Halblitermotor...

...wurde der Schweizer Motorradhersteller Motosacoche auch auf den internationalen Rennstrecken weltberühmt

Britische Setzkasten- Romantik

»Hallo, hallo! Hier ist die Solitude«

1952 – Der erste Motorrad-Weltmeisterschaftslauf in Deutschland

von Jürgen Nöll

Der erste Weltmeisterschaftslauf im Nachkriegs- Deutschland findet am 20 Juli 1952 statt. Einhundertfünfzig Fahrer aus 14 Nationen gehen auf der Solitude bei Stuttgart an den Start. Unter den Augen der 400.000 !!! Zuschauer stellen sich die deutschen Motorradhersteller erstmals nach dem Krieg der internationalen Konkurrenz. Mit insgesamt 7 Maschinen, vier 125er und drei 250er sind die Neckarsulmer NSU- Werke angetreten. Doch bereits im Training stürzen Hofmann, Kläger und Colombo, so dass das NSU-Team nicht mehr über genügend Fahrer verfügt. Dies ist die Sternstunde eines bis dahin wenig bekannten Lizenzfahrers aus Augsburg. Sein Name: Werner Haas.

Zwar hat er bereits aufgrund einiger guter Platzierungen mit seiner Puch in der laufenden Saison bei den Horex- Werken einen Vorvertrag für die neue 500er Zweizylinder unterzeichnet, aber offensichtlich können sich die Bad Homburger nicht entscheiden. Das lange Zögern der Horex- Rennabteilung kommt letztendlich NSU- Rennleiter Gustav Germer zugute. NSU stellt dem talentierten Augsburger an diesem Wochenende erstmals eine Rennfox zur Verfügung.

Nur zwei Tage hat Werner Haas Gelegenheit gehabt, sich mit der Rennfox vertraut zu machen. Doch dann fährt er die internationale Konkurrenz in Grund und Boden. Weder der in der Weltmeisterschaft führende Cecil Sandford auf MV Agusta noch der Vorjahresweltmeister Ubbiali auf seiner Zweinocken- Mondial können das junge Talent halten.

Millionen begeisterter Zuhörer verfolgen die Funkreportage, die die deutschen Sender an jenem

Beim AVUS- Rennen waren keine 125er am Start, aber beim Lauf zur Deutschen Meisterschaft "Rund um Schotten"...

berühmten Sonntag in ihren Nachmittagsprogrammen ausstrahlen. Wir erteilen das Wort an Rainer Günzler vom Süddeutschen Rundfunk, an Sammy Drexel vom Bayrischen Rundfunk, an Günther Jendrich vom Südwestfunk und an Jürgen Graf vom RIAS Berlin:

„Es geht hier um Weltmeisterschaftspunkte; damit ist schon gesagt, dass alles am Start ist, was zur Motorsport- Elite der Welt gehört.

Noch zweieinhalb Minuten bis zum Start der 125 ccm- Maschinen! Ich will Ihnen sagen, dass wir mit vier Sprechstellen an der 11,5 Kilometer langen Solitude- Rennstrecke übertragen, oben am Frauenkreuz, die nächste nach mir an Start und Ziel, dann der Schatten und das Mahdental.

Der Startplatz ist inzwischen geräumt. Die Fahrer schauen noch einmal kurz auf ihre Maschinen, und wenn dann Hermann Eurich, der Starter der Solitude, die Startflagge senken wird, wird das erste Rennen hier bei der Solitude gestartet sein, -`20 Sekunden` sagt eben der Lautsprecher. –Jetzt werden die Brillen heruntergezogen... ´Die Fahrer gehen von ihren Maschinen herunter`...Es ist die Spannung vor dem Start... 5 Sekunden....Los

Das war also der Start der 125 ccm- Maschinen. Sofort hat sich H. P. Müller an die Spitze des Feldes gesetzt, von Guido Sala, Italien auf MV Agusta gefolgt... und dicht dahinter – war es Ubbiali, der die dritte Stelle einnimmt. So ziehen sie nun fort, hinunter zum Glemseck. Ich kann eine kurze Gerade überblicken und dann eine geschwungene Linkskurve hinüber, dort, wo früher einmal Start und Ziel war und hinauf zur Heddersbach- Kurve, von wo sie bald am Frauenkreuz sein werden. Am Startplatz wird alles sauber gemacht. Die erste Runde des ersten Rennens beim ersten Weltmeisterschaftslauf nach dem Kriege ist gestartet!

Ich rufe meinen Kollegen Sammy Drexel am Frauenkreuz."

„Hier Frauenkreuz!

50 Sekunden sind die Fahrer unterwegs, aber noch nicht hier, denn die Startrunde ist ja meist relativ langsam. Sie kommen vom höchsten Punkt der gesamten Strecke in eine S-Kurve hinein, hinterm Frauenkreuz, Richtung Dreispitz, und wir warten darauf, dass die ersten jetzt auftauchen! Minute 10 Sekunden sind sie unterwegs – die ersten Geräusche sind bereits wahrnehmbar.

... zeichnet sich die Überlegenheit der Rennföxe ab

Noch sind die neuen Aluminiumtanks nicht mit den charakteristischen Armauflagen ausgestattet

Wenn ich hier einmal die Gegend zwischen Frauenkreuz und Dreispitz überblicke, so kann ich jetzt schon sagen, es sind ungefähr 10.000 bis 20.000 Zuschauer allein auf diesem kleinen Stückchen hier. Ein prächtiges Wetter! Und vor allem, was besonders auffällig ist, wunderbar abgesperrt! Die Strohballen nehmen zwar hier von den beiden S-Kurven am meiste Platz weg, aber es muß ja alles gesichert werden. Hinten bereits das erste Schwenken von Taschentüchern. Die Zuschauer jubeln! Und da tauchen sie auf. Vorn H. P. Müller, aber daneben ist schon Ubbiali, jetzt kommen die Italiener und unsere drei NSU-Fahrer, dicht im Schatten fahrend, und nun das erste größere Loch, und da taucht Luttenberger auf, also der Dritte, und dann hintereinander Cecil Sandford, Guido Sala und Leslie Graham und nun ein großer Pulk von gleich 20 Fahrern - - - und da stürzt bereits der erste in der Runde!...Ein sehr schwerer Sturz von Otto Daiker, der jetzt von Helfern aus der Bahn getragen wird... Sehr schwer gestürzt! Drüben versuchen jetzt die anderen Fahrer weit weit rechts herüber zufahren, einige Zuschauer laufen undiszipliniert über die Strecke.

Schade dieser Sturz... aber ich muß sofort weitergeben an den Schatten".

„Hier meldet sich der Schatten!

Dieser Sturz gerade von Otto Daiker hat uns allen einen Schock eingejagt denn wir haben ja auf diese NSU- Rennfox mit Otto Daiker große Hoffnungen gesetzt.

Heute gibt es den Kampf zwischen den italienischen und den deutschen Maschinen,- bei den Italienern da ist es, wie Rainer Günzler schon sagte, die Mondial, da ist es die MV Agusta und da ist es die Morini, von der man sagt, dass sie noch schneller sein soll...

Da tauchen dort drüben an dem Übergang zum Büsnauer Hof die ersten Fahrer auf, vorn zwei rote Sturzhelme, also die Italiener...H. P. Müller auf den 4. Platz zurück gefallen? Die Nummer 11 ist es, Copeta, der junge Fahrer, Copeta liegt an der Spitze, an dritter Stelle H. P. Müller und dann Ubbiali. Die Spitzengruppe ist natürlich noch dicht beisammen in der ersten Runde....

Jetzt erst tauchen die Abgeschlagenen auf. Es ist nur die Frage, kann sich H.P. Müller in diesem Kreis der internationalen Größen halten? 29 Maschinen in diesem Rennen... aber ich gebe rüber zu meinem Kollegen im Mahdental. Hallo Jürgen Gräf bitte melden!"

„Hier meldet sich die Sprechstelle Mahdental!

Jetzt kommen aus dem langgezogenen S, dass das Mahdental einleitet, die ersten Maschinen. Roter Sturzhelm, dahinter ein weißer,...und da überholt in diesem Augenblick H. P. Müller die Mondial von Copeta, dahinter wieder zwei Italiener, und dann eine große Pause, ein deutscher – ein weißer Sturzhelm, das ist Luttenberger auf NSU und dann ist das ganze Feld schon wieder am Ende. Wir wollen schauen, wer der Dritte war und wer der Vierte. Es waren zwei italienische Sturzhelme, es kann sich also wahrscheinlich nur um Romolo Ferri handeln, dann waren Leslie Graham und Cecil Sandford auf dem 4. und 5. Platz. Jetzt kommt ein Nachzügler, es ist die Nummer 16, Alex Mayer, der Österreichische Meister und dann noch drei, vier Fahrer, und dann ist der Rest schon so weit abgeschlagen, das ein Abstand von über 29 Sekunden sich bereits ergibt...

Wollen wir schauen, ob H. P. Müller die Spitzenposition behaupten konnte. Ich rufe Rainer Günzler am Start und Ziel!"

„Hallo! Hallo! Hier ist Start und Ziel!

Da ist bereits die Spitze! Copeta auf MV Agusta an erster Stelle, gejagt von H. P. Müller, dann der Weltmeister Ubbiali. Copeta, der Italiener, hat sich nach vorn geschoben, an vierter Stelle ist es Haas auf der NSU und dann kommt Medogni auf der Morini. Das ist der Stand nach der ersten Runde hier bei Start und Ziel.

Otto Daiker ist also gestürzt. Kein Zweifel, denn er fehlt hier in der Spitzengruppe. Die NSU-Werke sind von ganz besonderem Pech verfolgt, denn schon drei ihrer Werksfahrer mussten im Training, wie es in der Fachsprache heißt, zu Boden gehen. Hofmann, Colombo und Fritz Kläger aus Freiburg, der in der 250er Klasse mit einer NSU fahren sollte. Also: Copeta, H. P. Müller, Ubbiali, dann Haas auf NSU, und dann Mendogni auf der Morini. Die erste Runde nach unserer Stoppuhr wurde bereits mit einem Schnitt von 114,3 km/h gefahren! Wir wissen nach den Trainingszeiten von gestern und vorgestern, das hier auf der Solitude wahrscheinlich alle Rekorde gebro-

Wilhelm Hofmann (146) kann nach seinem Trainingssturz auf der Solitude im Rennen nicht an den Start gehen. Auch sein Teamkollege Roberto Colombo fällt verletzungsbedingt aus

chen werden. Liebe Hörer, wir schalten nun, glaube ich zurück und melden uns wieder mit der entscheidenden Phase dieses Rennens der 125-ccm-Klasse! Funkhaus bitte melden!"

„Hier spricht wieder die Solitude!

Wir haben uns, liebe Hörer, mit der ersten Runde der 125-ccm-Maschinen verabschiedet, und so war der Stand: Copeta auf der MV Agusta, der Italiener, vorne, gejagt von H.P. Müller, und dann Ubbiali, der Weltmeister auf der Mondial, ebenso wie Müller, dann Haas, der Nachwuchsfahrer auf NSU und dann Medogni. Es hat sich, da wir nun in der Hälfte des Rennens sind, einiges geändert. H.P. Müller ist ausgeschieden, Mendogni ebenfalls. Leslie Graham, der Weltmeister der 250er Klasse ist auch nicht mehr im Rennen... Von 29 Fahrern sind noch 17 auf der Piste, davon einige überrundet.

Und dann kam in der dritten Runde die Meldung: Haas führt – 117,2 Durchschnitt! Zweiter Ubbiali, dann Copeta und dann Sandford, der aus dem Hintergrund hervorgeschossen ist und der vielleicht der Geheimtip des Rennens sein dürfte. So sind sie also hier vorbei gezogen an Start und Ziel.

...Nun aber will ich sehen, dass wir irgendwo hier auf dem Solitude- Kurs mit den 11,5 km die Spitzengruppe erwischen, um den Stand in diesem Augenblick zu ermitteln. Ich glaube, sie dürften jetzt beim Schatten sein. Schatten bitte melden!"

„Hier ist der Schatten,

und da kommt gerade die Spitze an. Vorn ist der Weltmeister Ubbiali, dahinter Copeta und dann Haas, der junge Augsburger Nachwuchsfahrer auf NSU. Aber jetzt hat sich auch der vierte Fahrer dahinter geklemmt. Es ist der in der Weltmeisterschaft führende Sandford mit 16 Punkten. Diese vier bilden jetzt die Spitze und verschwinden für meine Blicke dort unten im Mahdental, darum: Sprechstelle im Mahdental, bitte melden!"

„Hier Mahdental

ein selten gehörter Jubel braust dauernd hier im Mahdental auf, jedesmal wenn der kleine Haas, der Augsburger auf der NSU gerade hier an unserer Sprechstelle aufholt und an Ubbiali und Copeta vorbeiziehen kann. Es scheint so, als dass er auf der gegenüber liegenden, schwierigeren Strecke vielleicht nicht das ganze technische, fahrerische Können besitzt, das Weltmeister Ubbiali oder Copeta mitbrin-

Der Fahrermangel im NSU- Team ist für den Nobody Werner Haas die Chance seines Lebens. Erstmals darf er eine Werksrennfox fahren

Auch Rennfahrer und Edeltuner Fritz Kläger aus Freiburg erhält Gelegenheit, den Weltmeisterschaftslauf vor den Toren Stuttgarts auf einer NSU- Werksmaschine zu bestreiten. Doch auch er stürzt im Training

Erstmals für das Rennen auf der Solitude sind die Rennföxe mit Armauflagen ausgestattet...

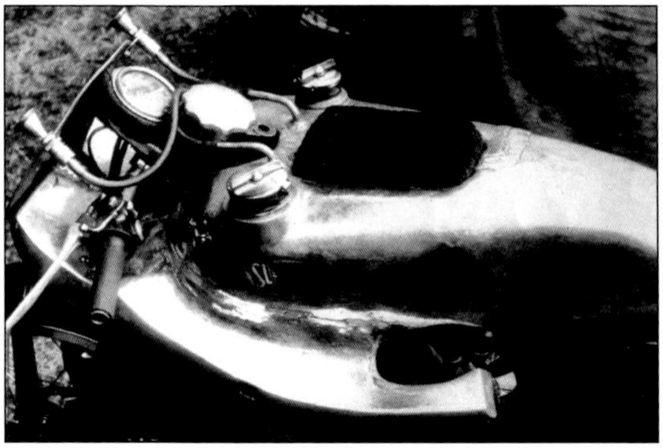

...die sogar den Lenkkopf umschließen und gemeinsam mit dem Nummernschild eine strömungsgünstige Verkleidung bilden

Monteure der NSU- Rennabteilung warten im Training am Rande der Strecke mit Düsensätze und einer Vielzahl Rennkerzen unterschiedlicher Wärmewerte...

gen. Aber dass er auf den Geraden, den sich schlängelnden Kurven, dass er hier immer wieder heran kommt... Und jetzt erblicken wir die Fahrer – vorn die erste Nummer: Ubbiali, dahinter Copeta und dann Haas, - aber er hat es diesmal nicht geschafft. Wir hätten ihnen so furchtbar gerne das Beispiel vor Augen geführt, wie er es macht, wie er die beiden Italiener hier direkt an der Tribüne im Mahdental abhängt. Aber der Abstand war etwa fünf Meter, und die Kurven schlängeln ja immer weiter und die Strecke ist fast eben, gerade, bis zum Start und Ziel rauf, und Haas noch mehr Chancen, gegen diese alten Füchse aufzukommen...

Wir haben schon gehört, Sandford ist noch mit in der Spitzengruppe, er ist an vierter Stelle. Und dann kommt jetzt gerade die Nummer 23, Luttenberger auf NSU, an uns vorbei, der immer noch auf einem ehrenvollen fünften Platz liegt, der aber den Anschluß an das Feld nicht mehr finden wird.

Die Spitzenposition von Haas hat hier und fast überall an der Rennstrecke größte Begeisterung hervorgerufen. Es ist wunderbar, dass am Anfang der Rennen, zu Beginn dieser großartigen Veranstaltung, gleich ein sportlich so großes Rennen geboten wird. Die Stimmung für den Rest des Tages scheint mir gesichert.

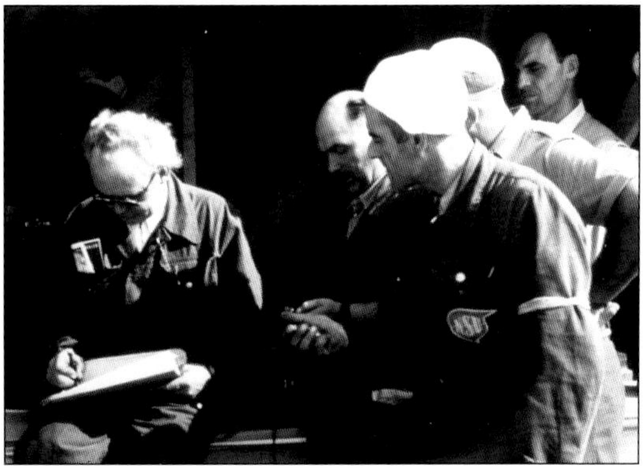

...während ihre Kollegen mit der Zeitnahme beschäftigt sind

Wir melden uns wieder in der letzten Runde des Rennens der 125-ccm-Klasse und schalten jetzt zurück zum Funkhaus."

„Hier spricht wieder die Solitude!

Das Rennen der 125-ccm-Klasse, der erste Weltmeisterschaftslauf, geht seinem Ende entgegen. Das heißt, wenn die Fahrer hier bei Start und Ziel – die drei Führenden, denn es sind nur noch drei die vorbei kommen – durchbrausen, beginnen sie die letzte Runde. An der Spitze, so wurde mir eben

Wie hier beim Solitude- Rennen 1953, waren auch 1952 die Tribünen rund um die Strecke restlos ausverkauft. Mehr als 400.000 Besucher wurden gezählt...

gemeldet, da liegt immer noch Haas, der Mann, der die NSU steuert. Ein ganz großartiger Erfolg – nicht nur für den jungen Fahrer, sondern auch für die NSU, die diese Maschine hervorragend hingetrimmt haben.

Die Menschen hier an Start und Ziel haben sich erhoben, sie wollen den großartigen Kampf zwischen Haas, Ubbiali und Sandford miterleben; aber in diesem Augenblick kommen auch zwei Nachzügler. Es befinden sich nur noch vier Fahrer mit den Führenden in einer Runde. Copeta, der Mann, der in der Mitte des Rennens noch an zweiter Stelle lag, ist zurückgefallen auf den vierten Platz...

Da sehen wir am winken der Zuschauer, dass die Spitzengruppe sich nähert. Und – waghalsig kann man nur sagen, dass in diesem Augenblick Ubbiali Haas überholt – er zieht an uns vorbei, dann – man kann die beiden verfolgen, wie sie in die Startkurve hineingehen – dann hat es Haas wieder geschafft, Ubbiali zu überholen.

So jagen sie sich, um Meter, um Sekunden; sie haben sogar den Mann, der in der Weltmeisterschaftswertung führt, Cecil Sandford auf der MV Agusta, einige Meter in dieser Kurve abnehmen können. Phantastisch, wie der junge Haas aus Augsburg hier wieder gefahren ist! Ich darf noch sagen, dass der Fünfte in diesem Bunde nach Copeta, der hier aber noch nicht vorbeigegangen ist, Luttenberger auf der zweiten NSU ist. Ich rufe die Sprechstelle oben am Frauenkreuz!"

Auch die Wochenschau bringt eine Aufzeichnung des sensationellen Rennens der 125er

Hier Frauenkreuz

„Wenn die Fahrer genau so ihre Rundentermine einhalten wie bisher, so müssten in genau 40 Sekunden die ersten Fahrer hier auftauchen. Ubbiali, Haas, das waren die großen Zweikämpfe hier oben am Frauenkreuz. In der Rechtskurve war meist Ubbiali noch vorn, dann versuchte zwischendurch Haas vorbeizugehen, aber zu eng sind die Kurven hier, als dass Haas hier schon vorbeiziehen könnte. Im Schatten sind sie dann wieder dicht beieinander. Vielleicht kommt diesmal Werner Haas, der junge Augsburger, als erster hier vorbei. Werner Haas, der bisher immer auf einer Puch fuhr, der nie die allerstärksten Maschinen hatte, war der beste Privatfahrer der letzten Zeit. Seinen größten Erfolg konnte er beim Feldbergrennen erringen. Aber heute ist es so, dass er erstmalig eine Werksmaschine hat. Als Otto Daiker hier am Frauenkreuz ausfiel, da hat er sofort erspäht, was er tun musste: er musste nicht mehr abschirmen, sondern er musste plötzlich Spitzenreiter machen. Das war interessant, wie dieser junge Mann sich sofort einsetzte und sofort die Führungsposition der deutschen Maschinen übernahm. Aber dahinten müssen sie jetzt kommen... Vorn liegt in diesem

Um die Motoren von Beginn an voll fahren zu können, werden sie unmittelbar vor dem Rennen mit heißem Öl befüllt...

...und zusätzlich mit einem gewaltigen Heißluftgebläse vorgeheizt

Augenblick Werner Haas, nein – Ubbiali geht schon wieder vorbei! Ein toller Zweikampf, aber nur fünf Meter auseinander sind sie. Vorn an erster Stelle Ubbiali mit fünf Metern Abstand zu Werner Haas. Und jetzt kommt Sandford, der große englische Meister auf seiner MV Agusta, und einer der Überrundeten, Jackman, ein Engländer, der nicht mehr all zuviel mitzureden hat, und der Dritte ,der weit zurück gefallen ist, nein, der Vierte, will ich sagen – nämlich Alfredo Copeta auf seiner MV Agusta. Hier kommt er jetzt, aber er lässt sie auskullern, möchte ich sagen. Er hat nicht mehr sehr viel Einfluss auf den Ausgang dieses Rennens.

Aber vorn der große Spitzenkampf: Wird Sandford noch rankommen, wird der junge Augsburger sich halten? Schatten, wie sieht´s dort aus?"

„Hier am Schatten... ist noch Ruhe. Mit uns aber fiebern die Männer an den Boxen, denn es ist ja nicht nur der Kampf zwischen Haas, Ubbiali und Sandford sondern es ist der Kampf der Rennfox gegen die Zweinocken- Einzylinder- Mondial und die Einzylinder- Viertakt von MV Agusta! Lachen Sie nicht über diese kleinen Bienen, wie man sie oft nennt - sie fahren heute schneller als die 500er vor 20 Jahren! Und nun schauen wir dort rüber; nun müssen sie gleich kommen, dort hervorschießen unter der Unterführung.

Da sind sie...jawohl, drei,..und Haas mitten dabei! Vorn Nummer 5, Ubbiali, - Haas – und dann Sandford. Leichte Berührung der beiden: Ubbiali und Haas! Haas hat die Innenkurve genommen – Ubbiali berührte ihn, aber beiden passierte Gott sei Dank nichts! Ubbiali schaut etwas böse rüber zu dem jungen Haas, aber es ging noch einmal gut. Mir wäre beinahe das Herz stehen geblieben, als ich das sah; aber Ubbiali, dieser alte, erfahrene Fuchs fing sich, und auch Haas behielt sicher seine Maschine in der Hand. Gott sei Dank, alles gut gegangen!

Hinunter jetzt ins Mahdental und damit in die letzten Kilometer in diesem Weltmeisterschaftslauf!"

Mahdental

„Zehntausend Daumenpaare werden hier gedrückt. Zehntausend Daumenpaare für den jungen Augsburger, der zum ersten male mit einer Werks-

Erster Weltmeisterschaftslauf in Deutschland. Die 125er Klasse wird gestartet. Von links: Hubert Luttenberger/NSU (23), Otto Daiker/NSU (20), H.P. Müller/Mondial (26), Guido Sala/MV Agusta (10), Carlo Ubbiali/Mondial (5) und Werner Haas/NSU (21)

Start und Ziel

„Entscheidende Phase der 125 ccm! Wir haben gehört, daß Ubbiali und Haas, die beiden Männer, auf die sich unser Augenmerk in diesem Moment richtet, sich immer noch jagen, und wir wissen aus Erfahrung, daß Haas hier im Mahdental es schaffen kann, denn er war hier dreimal vorn, während wir vom Frauenkreuz erfuhren, daß er wieder zurückgefallen war. Haas, der junge Mann, im Kampf mit der Weltklasse — die NSU gegen die Mondial — und die MV-Agusta, die ausgezeichnete Weltmeistermaschine der Italiener, konnte nicht mithalten.

Da hören wir schon das Summen der Maschinen, der kleinen Bienen, die dort unten herauskommen müssen aus der Waldschneise, in die langgezogene Zielgerade. Fähnchen winken; das könnte bedeuten, daß Haas vorne ist. Ich sehe sie noch nicht.

Da!

Haas ist vorn!!!

Großartig!

maschine ein geniales Rennen bestreitet. Wir schauen die lange Strecke hinunter und sehen drüben Fähnchenwinken - aber wir können nicht erkennen, ob es die Fahrer sind. Es scheinen die Fahrer zu sein. Beide ganz dicht aneinander, Haas vorn, 20 Meter, er weiß den Anstand zu vergrößern – 30 Meter vor Weltmeister Ubbiali. Dann kommt eine Pause von 10, 15 Sekunden, dann kommt erst der alte Fuchs, einer der klügsten Rennfahrer der Welt, der Engländer Sandford; aber er wird nur noch einen dritten Platz nach Hause fahren können. Und jetzt entscheidet es sich, ob auf den letzten 2,8 Kilometern, ob Haas die Nerven behält, ob die NSU- Maschine durchhält, ob er diesen großartigen Sieg nach Hause fahren kann, ob er zwei Männer wie Ubbiali und Sandford auf der Solitude schlagen kann. Wir wollen ganz schnell zu Start und Ziel umschalten und wollen dort hören, wie man sich vorbereitet auf den jungen Werner Haas. Ich rufe Rainer Günzler!"

Start und Ziel

„Entscheidende Phase der 125 ccm! Wir haben gehört, dass Ubbiali und Haas, die beiden Männer, auf die sich unser Augenmerk in diesem Moment richtet, sich immer noch jagen, und wir wissen aus Erfahrung, dass Haas hier im Mahdental es schaffen kann, denn er war hier dreimal vorn, während wir vom Frauenkreuz erfuhren, dass er wieder zurückgefallen war. Haas, der junge Mann, im Kampf mit der Weltklasse – die NSU gegen die Mondial – und die MV Agusta, die ausgezeichnete Weltmeistermaschine der Italiener, konnte nicht mithalten. Da hören wir schon das Summen der Maschinen, der kleinen Bienen, die dort unten herauskommen müssen, aus der Waldschneise, in die langgezogene Zielgerade. Fähnchen winken; das könnte bedeuten, dass Haas vorn ist. Ich sehe sie noch nicht.

Da! Haas ist vorn!!! Großartig!...Durch - - Werner Haas Erster!!!

Und an zweiter Stelle Ubbiali. Ein großartiger Erfolg für die NSU- Werke und für den jungen Haas, wie er Ubbiali, den Weltmeister, auf den letzten anderthalb Kilometern noch um etwa 25 Meter distanzieren konnte! In der Zwischenzeit ist auch der Mann, der in der Weltmeisterschaftswertung führt – Cecil Sandford aus England -, auf seiner MV Agusta hier bei Start und Ziel durchgegangen. Aber das ist natürlich nicht mehr das, was die Zuschauer und das was uns interessiert.

Wir alle freuen uns über den ganz herrlichen NSU- Erfolg bei diesem Weltmeisterschaftslauf! Ein Erfolg, den weiß Gott kein Mensch erwartet hätte! Und da kommt in diesem Augenblick der Vierte in diesem Rennen, das ist Copeta; wenn ich Ihnen noch

„Jetzt liegt wieder Ubbiali in Führung..."

„Durch ! - Haas ist Erster !!! Ja ist denn das zu glauben, der Newcomer Werner Haas hat mit der Rennfox die Weltelite geschlagen..." Begeisterung in der NSU-Box

kurz sage, dass Luttenberger mit 1 Minute 30 Sekunden Abstand an fünfter Stelle liegt, so wissen Sie, dass NSU kein Zufallstreffer war, sondern dass auch Luttenberger ein großartiges Rennen gefahren hat."

Mit dieser Glanzleistung hat sich Werner Haas bereits frühzeitig einen Werksvertrag für 1952 und 1953 gesichert. Und zwar für beide Klassen, die 125er und die 250er.

Dieser erste deutsche Weltmeisterschaftslauf und der erste Sieg eines deutschen Fahrers auf einem deutschen Fabrikat bei einer WM ist die Sensation schlechthin.

Dieses Ereignis markiert aber auch gleichzeitig den Beginn einer einzigartigen Erfolgsstory des Gespannes Haas – NSU, an deren Ende mehrer Weltmeisterschaften und Deutsche Meisterschaften stehen, bevor NSU Ende 1954 nach der Tragödie von Monza dem Motorrad- Rennsport für immer den Rücken kehren sollte.

Bildmaterial aus dem Buch „NSU- Der Weg zur Motorrad- Weltmeisterschaft" mit freundlicher Genehmigung des Heel- Verlag

Strahlender Sieger der 125 Klasse: Werner Haas beginnt seine einmalige Karriere bei NSU

Die Geschichte der Rennfox beginnt bereits 1950 mit diesem käuflichen, für Nachwuchsfahrer gedachten Rennsport- Modell, von dem NSU 30 Stück produziert. Zu den leistungssteigernden, motorischen Maßnahmen gehört ein vergrößertes Einlassventil, geänderte Steuerzeiten, eine auf 1:8 erhöhte Verdichtung durch geänderten Kolben und ein erleichterter Ventiltrieb. Immerhin erreichen die kleinen Viertakter mit 15 Millimeter- Vergaser und offenem Auspuffrohr eine Leistung von 7,5 PS bei 7.000 U/min

Der schräg sitzende Zylinderkopf gab der Konkurrenz zunächst Rätsel auf. Bessere Kühlung, bessere Füllung? Die Lösung war viel einfacher: Durch die Verwendung des Fox- Serienrahmens blieb kein Platz mehr für das Saugrohr und den 24er Rennvergaser. Also musste der Kopf gedreht werden. Rechts: Zylinder und Zylinderkopf stammen von dem Halbliter-Vierzylinder- Rennmotor. Aus dem quadratischen Bohrungs- / Hubverhältnis von 54 Millimeter ergibt sich ein Hubraum von 123,6 ccm. Laut Werksangabe beträgt die Leistung 11 PS bei 10 000 U/min. Mit geringen Veränderungen wurde dieser Motor auch noch 1952 eingesetzt. Mit ihm gewann Werner Haas den WM- Lauf auf der Solitude

Innerhalb weniger Wochen entsteht im Frühsommer 1951 die erste Werks- Rennfox R11. Während das Fahrwerk im Wesentlichen aus Serienteilen besteht, handelt es sich bei dem Motor um ein reinrassiges Renntriebwerk. Das Debüt der Rennfox "mit dem schiefen Kopf" findet anlässlich des Donauring- Rennens statt. Bereits im dritten Einsatz im August 1951 in Hockenheim belegen die Werksfahrer Dietrich und Daiker die ersten Plätze

Blick auf das spartanische Cockpit: Neben Kupplungs- und Bremshebel sowie Regulierhebel für Vergaser und Zündung befindet sich am linken Lenker ein Kurzschlussknopf zum Unterbrechen der Zündung. Der Tank ist geteilt. Auf der linken Seite ist der Kraftstoff, rechts das Motorenöl untergebracht. Vor den Einfüllstutzen befinden sich kleine Belüftungstürmchen

Die S-Reihe von Zündapp

von Thomas Reinwald

Aufgrund von firmeninternen Unterlagen kann hier ein Einblick in die Entwicklung der S-Reihe von Zündapp gegeben werden.

200 S / 201 S

Die S-Reihe wurde mit dem Modell 200 S eingeläutet und stellte auf lange Sicht die Ablösung der Elastic-Reihe dar. Die ersten Versuchsmodelle wurden intern auch noch als Elastic 201 weitergeführt, ehe man sich dann auf die neue Bezeichnung 200 S festlegte. Für die 200 S wurde am 16. März 1955 die allgemeine Betriebserlaubnis vom Kraftfahrt-Bundesamt in Flensburg erteilt. Das Merkmal der 200 S waren zum Einen ein ansprechendes optisches Erscheinungsbild und auf der anderen Seite einige technische Neuheiten. Der Motor hatte nun einen fächerartig verrippten Zylinderkopf und ein verbessertes Spülsystem. Diese Verbesserungen brachten eine wesentlich höhere Leistung als in der Elastic 205. Es standen gemäß den Prospektangaben 12 PS bei 5400 U/min zur Verfügung, während der Elastic-Motor nur 9,5 PS als Höchstleistung entwickelte. Im Fahrbetrieb äußerte sich das Mehr an Pferdestärken in einer um 5 km/h höheren Endgeschwindigkeit gegenüber der Elastic 205 – die 200 S fuhr exakt 100 km/h schnell.

Als die 200 S im Jahr 1955 in Serie ging, hatte die Zündapp-Entwicklung wieder einmal gute Arbeit geleistet, denn das Motorrad hatte keine Schwächen im alltäglichen Gebrauch. Die Tests in der Fachpresse fielen entsprechend gut aus und auch die Kundschaft honorierte die Neuentwicklung. Angesichts des ab Mitte der fünfziger Jahre sehr schwierig gewordenen Motorradabsatzes in Deutschland konnte Zündapp dennoch bis zur Produktionseinstellung 1958 von der 200er 11.284 Stück verkaufen.

Der Erfolg des Modells lag aber nicht nur im guten Gesamtkonzept, sondern auch in der stetigen Weiterentwicklung und in der intensiven Auseinan-

Vorserienexemplar der 200er S-Reihe, noch mit Elastic-Tank

dersetzung mit den Kenndaten. Im Versuchsbericht Nr. 98 vom 19. April 1955 liest sich zum Beispiel das Ergebnis zur „Ermittlung des Leistungsbedarfs des Getriebes (Wirkungsgrad)" wie folgt: „... Der Getriebewirkungsgrad beträgt zwischen 85 und 88 Prozent und zwar ist er im Bereich des größten Drehmoments am schlechtesten. Die Leistungsspitze verschiebt sich im Vergleich zu der Kurve ohne Getriebe um etwa 200 U/min nach unten."

Der Versuchsbericht Nr. 99 behandelte dagegen einen Dauertest von 10.000 Kilometern der zwei serienmäßigen Modelle mit den Fahrgestellnummern 885 001 und 885 002. Als Resümée wurde bemerkt, dass „... beide Dämpferfilter (6410 Z 209-8) am Vergaseranschlußstutzen defekt waren". Um diesen Defekt gleich auszumerzen, wurde Kontakt mit dem Hersteller, der Gesellschaft für Heiztechnik GmbH, aufgenommen und der zuständige Ansprechpartner, Herr Reum, nach Nürnberg bestellt. Am 23. April 1955 fand die Unterredung über die Behebung des Problems statt.

Weitere aufgetretene Mängel dieses Dauertests waren „der Riss einer Speiche", „Brechen der Auspuffschellen", „Ein Aufquellen des Gummirings für die Abdichtung von Dämpferfilter und linker Verkleidung" sowie eine „Untersuchung der Stoßdämpfer der Firma Boge". Wesentlich technischer und tiefgründiger waren dann die Tests vom 4. Mai 1955, wo sich intensive Untersuchungen an der TH Braunschweig mit den Kühlverhältnissen des Motors beschäftigten. Im Bericht lief dies unter der Überschrift: „Temperaturmeßstellen mittels Thermoelementen, Strömungsfeldanzeigen mittels Wollfäden" und die Art der Versuche wurde mit den Worten: „Temperaturmessungen bei 55 km/h Vollgas im 3. Gang, Veränderung der Anströmverhältnisse, Photographische Aufnahme des Strömungsfeldes bei 70, 55, 40 und 25 km/h Anblasgeschwindigkeit." erläutert.

Über herkömmliche Fahrversuche hingegen wurde am 2. Juni 1955 eine Antriebskettenerprobung durchgeführt, wobei die beiden Produkte der Firmen Ruberg & Renner und Winkelhofer & Söhne verglichen wurden. Im Versuchsbericht 106, datiert auf den 13. Juni 1955, beschäftigte sich die Zündapp-Versuchsabteilung mit dem „Aufschrumpfen eines Aluminium-Rippenringes im Bereich der oberen vier Rippen eines Grauguß-Zylinders", um „Feststellungen der Schrumpfspannungen und der Materialbeanspruchung" zu erhalten.

Fazit dieser Untersuchungen war, daß „...sich gezeigt hat, daß sich trotz stärkster Beanspruchung durch Erwärmung und Abkühlung der Grauguß

Die Serienausführung der 200 S

weder verformte noch riß, daß jedoch der Al-Rippenring an einer Stelle platzte...". Abschließend wurde bemerkt, daß drei weitere Zylinder auf Grund dieses Ergebnisses in der vorerprobten Ausführung für Kühlungsuntersuchungen an der TH Braunschweig und für den Fahrversuch in Fertigung gegeben wurden. Auf seiten des Fahrwerks lag das gesteckte Ziel darin, dass zukünftig die 200 S mit einer Vorderradschwinge versehen werden sollte. Die bisher eingebaute Teleskopgabel wurde in der zweiten Hälfte der fünfziger Jahre von der modischen Vorderradschwinge immer mehr verdrängt – auch wenn am Ende die Teleskopgabel „den Zweikampf gewann" und bis heute die Vorderradführung beherrscht.

Dem modischen Trend wollte sich damals jedoch auch Zündapp nicht verschließen und konstruierte eine geschobene Langschwinge. Die ersten Exemplare wurden in das Fahrwerk der 200 S eingebaut und am 20. Juli 1955 wurde damit eine Fahrerprobung durchgeführt, die jedoch zeigte, dass die Stabilität zu diesem Zeitpunkt noch zu wünschen übrig ließ. Drei Monate später war die Schwinge so weit ausgereift, dass man sich Gedanken um den optimalen Steuerwinkel machen musste. Da nicht alles in der Theorie und auf den Prüfständen ermittelt werden konnte, sollte der Steuerwinkel unter „subjektiven" Fahreindrücken bestimmt werden. Da sich der Steuerwinkel durch das Gewicht des Fahrers ständig veränderte, konnte die Praxis hier nicht übergangen werden. Man fand im Winkel von (wirklichen) 63° das Ideal, was in der Zeichnung dann 65,5° waren! Dem Schreiben nach etwas verärgert war man schließlich am 18.Januar 1956 bei Zündapp über das „Versagen der Stoßdämpfer" für die Vorderradschwinge. Dem Firmenvertreter des Herstellers Firma Stabilus wurde eindringlich klargemacht „... schnellstens Dämpfer anzuliefern, die einmal die geforderte Dämpferkraft aufweisen und zum anderen von unten so gut abgedichtet sind, daß ein Eindringen von Straßenschmutz verhindert wird".

Die Vorderradschwinge bescherte aber in den Wintermonaten 1956 noch einige unerwartete Probleme. So wurde intern vermerkt, dass bei einer 4.700 Kilometer umfassenden Fahrt eine Schwinggabel dort am rechten Schwingarm brach, wo das Querrohr angeschweißt war. Auch eine ausgetauschte Vorderradschwinge riss ein. Am 14. Februar 1956 wurde zudem noch bemängelt, dass „das Steuerschaftrohr klemmt" und dass die „Dämpferkraft des mechanischen Steuerungsdämpfer außerordentlich gering ist". Von der stetigen Weiterentwick-

Das Modell 201 S – erkennbar an der Vorderradschwinge

Zündapp 175 S Trophy – ebenfalls mit Vorderradschwinge

lung und Behebung der Mängel an der neuen Vorderradschwinge war dann im Herbst 1956 kein Wortlaut in der Presseerklärung zu lesen, in der es lapidar hieß: „Das bisherige Modell 200 S wird nun durch das Modell 201 S mit Langarmvorderradschwinge abgelöst". Der Zeitpunkt der Ablösung war allerdings nicht sehr verheißungsvoll, denn die deutsche Motorradindustrie lag zur Jahreswende 1956/57 bereits am Boden. Die bisherige zweiradfahrende Kundschaft hatte den Kleinwagen neu entdeckt. Ein Dach über dem Kopf zählte mehr als die technische Innovation eines Motorrads. Doch während andere Motorradfirmen in Konkurs gingen, überlebte Zündapp die schwierige Zeit und konnte von der 201 S bis Mitte 1958 doch noch 4.151 Exemplare zum Stückpreis von 1.585 DM verkaufen, wobei derjenige, der an Stelle der schwarzen Lackierung eine bunte haben wollte, nochmals 25 DM drauflegen musste.

175 S

Als kleine Schwester gesellte sich ab Frühjahr 1956 die 175 S an die Seite der 200 S. Bei gleichbleibenden Hub von 62 mm wurde die Bohrung von 64 mm (200 S) auf 60 mm verkleinert und damit der Hubraum von 174 cm^3 erreicht. 10,5 PS bei 5.400 U/min reichten für eine Endgeschwindigkeit von 95 km/h aus. 1.475 DM verlangte Zündapp für die kleine Maschine, deren ABE am 19. Januar 1956 erteilt wurde. Wie die 200 S, so bekam auch die 175 S zunächst als Vorderradführung eine Teleskopgabel eingebaut. 4.800 Exemplare konnte das Nürnberger Werk davon absetzen. Mit der ABE vom 7. Mai 1958 jedoch wurde auch die 175 S mit der geschobenen Vorderradschwinge der 201 S für den Verkehr auf den deutschen Straßen zugelassen. Um die Telegabel-Maschine von der neuen Schwingenmaschine zu unterscheiden, bekam letztere den Zusatznamen

Die 175 S.

Trophy. Dies war ein geschickter Schachzug der Werbeleute von Zündapp. Damit brachte man auch dem sportlich uninteressierten Kunden den großartigen Sporterfolg des Jahres 1957 nahe. Denn der Gewinn der deutschen Nationalmannschaft bei der berühmt berüchtigten Sechs-Tage Fahrt 1957 durch das deutsche Team, dem die Zündapp-Fahrer Lorenz Specht, Gernot Leistner und Richard Heßler auf S-Modellen angehörten, war der höchstmögliche sportliche Erfolg im Geländesport. Unter dem Logo Trophy verkaufte man also folglich die 175er und auch die 250er. Äußerlich trug man dem Rechnung, in dem man eine Plakette auf der Tankoberseite anbrachte, die mit dem Schriftzug „international Six days – Trophy" geschmückt war. 1.575 Motorräder verließen davon das Fließband in der Nürnberger Dieselstraße.

250 S

Die Krönung der S-Reihe brachte Zündapp mit der 250 S heraus. Mit Sperrfrist für den 10. Oktober 1956 versehen, wollte man in Nürnberg die IFMA dazu nutzen, das neue Modell im Rampenlicht der weltgrößten Motorradmesse zu präsentieren. Bereits mit dem Schreiben vom 8. Juli 1956 hatte das Bundeskraftfahrtamt die ABE für das neue Modell erteilt. Mit der 250 S erreichte das Baukastensystem der S-Reihe seine Vollkommenheit. Auch hier kam das Doppelschwingenfahrwerk der 201 S und der 175 Trophy zum Einbau. Der Motor wurde allerdings diesmal grundlegend geändert, denn nun betrug das Hub/Bohrungsverhältnis 70 x 67 mm. Die Leistung lag bei 14 PS bei 5.200 U/min, was eine Höchstgeschwindigkeit von „aufrecht sitzend" 110 km/h ergab. Der Präsentation ging wie immer eine eingehende Erprobung der Maschine voraus.

Am 10. Januar 1956 zum Beispiel hatte man bei der Demontage eines 250er Triebwerks noch verbrannte Kupplungsbeläge festgestellt, die Primärkette zeigte eine sehr starke Längung und die Kurbelwellenrollenlager liefen nicht zur vollsten Zufriedenheit. Die Motoren wurden für die praktische Erprobung in 200 S und 175 S Fahrgestelle transplantiert. Am 13. Februar 1956 wurden die Maschinen mit den Fahrgestell Nr. 620 411 (175 S) und 885 003 (200 S) damit umgerüstet.

Die Entwicklung des neuen Motors nutzte auch die Firma Deutsche Vaccum, die ihr Mehrbereichsgetriebeöl (Bezeichnung VC 14/201) für diesen Zweck Zündapp zur Verfügung stellte. Allerdings fiel der Erfahrungswert nüchtern aus, denn gerade bei

Eine der ersten Serienmodelle der 250 S, mit dem Horn gleich neben dem rechten hinteren Federbein

Diese Plakette auf der Tankoberseite verwies auf den großen sportlichen Erfolg

winterlichen Verhältnissen war es nicht so günstig wie das bis dahin verwendete Arctic-Öl.

Am 9. März 1956 musste die Versuchsabteilung melden, dass über eine Fahrt von lediglich 600 Kilometern insgesamt drei Auspuffkrümmer in der Nähe der Auspuffstutzenbefestigung eingerissen waren. Eine klare Absage an die Verwendung von Hinterradzahnkränzen aus Grauguss wurde am 12. April 1956 erteilt, denn im Versuch zeigte sich, dass der von der Firma Winter bezogene Zahnkranz nach 25.000 Kilometern mehrere ausgebrochene Zähne aufwies.

Ebenfalls klare Worte wurden am 17. April 1956 hinsichtlich der Federkennlinie der vorderen Federbeine geäußert. Es sollte zukünftig eine andere Feder von seitens des Herstellers eingebaut werden. Soziusfußrasten mit weicheren Gummi (Weichheit 100) sollte für den Serieneinbau von der Firma Denfeld geliefert werden, damit die übertragenen Motorvibrationen sich nicht so sehr auf den Beifahrer übertrugen, wie des öfteren schon bei den Elastic-Modellen von seitens der Händler und der Kundschaft bemängelt wurde. Im April lagen der Serienanlauf und die Präsentation auf der IFMA schon in Sichtweite und über Ing. Helmut Werner Bönsch wurde nun bereits ein Gutachten über Kenndaten angefordert, das er am 24. April 1956 erstellt hatte. Darin wurde die 15-Minuten-Leistung bei 15,7 PS bei 5.500 U/min gemessen, ein Verbrauch von 3,8 Liter/100 km errechnet und eine Höchstgeschwindigkeit von 111,1 km/h ermittelt. Für den Serienbau wurden nun immer mehr Teile freigegeben, so am 26. April 1956 der Kolben, den die Firma Mahle hergestellt hatte. Am 11. Mai 1956 wurde in Übereinstimmung mit dem Vergaserlieferant Hintermayr (Bing-Vergaser) die Bedüsung für den Vergaser festgelegt und am 11. Mai 1956 wurde die Federcharakteristik für die vorderen Federbeine schriftlich fixiert. Die Freigabe für den Zylinder (2162 Z 213-0) und für den Zylinderdeckel (273 Z 162-0) erfolgte am 1. Juni 1956. Auch wenn die Weiterentwicklung niemals ein Ende finden konnte, so war die 250 S im Zeitpunkt für den Serienanlauf eine ausgereifte Maschine ohne Kinderkrankheiten. Dass auch während der Serienfertigung die 250 S weiterentwickelt wurde, zeigte zum Beispiel die Anbringung des Horns. Dieses war an den ersten Modellen noch an der rechten Heckseite neben dem Federbein montiert. Da aber im

Versuchsschwinge, montiert an einer 200 S

Alltagsbetrieb die Lautstärke nach vorne sehr schwach war, trat man in Korrespondenz mit dem Hersteller, der Firma Hella. Bei den späteren Modellen wurde das Horn dann am Steuerkopf montiert, wo es wesentlich effektiver war. Die 250 S wurde ebenfalls mit dem Gewinn der Six-Days Trophäe mit dem Namen Trophy versehen.

Mit der 250 S hatte man nun drei nahezu identische Modelle im Programm, die sich nur für den Kenner voneinander unterschieden. Während bei der 175 Trophy und der 250 Trophy die bereits erwähnte Plakette am Tank war, musste die 201 S auf diese verzichten. Ferner hatten die 175 Trophy und die 201 S ein rundes Auspuffendstück, während die 250 Trophy ein ovales Auspuffende aufwies. Die 250er hatte als einzige Maschine dazu noch verstellbare hintere Stoßdämpfer. Der gemeinsame Auftritt des Trios dauerte gerade einmal bis Mitte des Jahres 1958. Mit dem Entschluss von seitens der Zündapp-Geschäftsführung das Nürnberger Werk zu Gunsten des Münchner Werks aufzugeben, brachte auch das Ende für die 175 Trophy und der 201 S. Die 250er Trophy hingegen wurde in München noch bis 1963 weitergebaut. Die 175 S und die 250 S gab es als Ausführung SE auch mit Elektrostarter. 4.550 mal konnte Zündapp die 250er verkaufen.

Bevor es allerdings zum endgültigen Aus in Nürnberg kam, versuchte die Entwicklungsabteilung mittels Plastilin-Studien noch zukunftsträchtige Versionen zu kreieren. Dabei ging es jedoch um rein ästhetische Änderungen, wie Tank, Sattel-, und Kotflügelpartie. Es wurden keinerlei technische Änderungen vollzogen. Doch die Mühe war umsonst, denn keine der Entwürfe kam über den Versuch hinaus. Ebenfalls ein Versuch ohne fruchtbares Ergebnis war die Modifikation von zwei Modellen für die neugeschaffene Bundeswehr. Dies waren je eine 250er und eine 175er mit Packtaschenhalterung und leicht hochgezogener Auspuffanlage. Neben dem Serienfahrwerk mit 16˝ Rädern wurde auch ein Modell mit 18˝ Rädern an das Bundesverteidigungsministerium geliefert. Die Lieferung an die Bundeswehr fand im Herbst/Winter 1957 statt, zog aber keinerlei Aufträge für Zündapp nach sich, denn scheinbar konnten diese Studien die Bundeswehroberen nicht überzeugen.

Ein Ableger der 250 S, als 250 Super Sabre bezeichnet, wurde zwischen 1956 und 1961 auch nach

Der Moto-Cross Ableger auf Basis der S-Reihe

Nochmals eine Version der geschobenen Schwinge.

Amerika geliefert. Auf Wunsch des US-amerikanischen Importeurs, Joe Berliner, wurde die 250er zunächst mit 18″ Räder an statt der üblichen 16″ Räder ausgerüstet. Daneben hatte die US-Maschine einen hohen Lenker, einen Sonderscheinwerfer und zunächst auch die geschobene Vorderradschwinge, die allerdings bald durch eine Teleskopgabel ersetzt wurde. Ab dem 1. August 1957 wurde dann auch die US-Version auf die kleinen 16 Zöller umgerüstet. 489 US-Dollar verlangte man auf dem US-Markt für den Nürnberger Export, der sich 3.727 mal verkaufte und damit zum meistverkauften Import-Motorrad in den USA wurde. Ein doch stattlicher Erfolg. Der kleinere Ableger wurde als 200 cm^3 Challenger ebenfalls in die Vereinigten Staaten exportiert. Dieser Export war ausschließlich in den zwei Jahren von 1956 bis 1957 erhältlich. Hier gingen die Veränderungen nicht so weit, denn lediglich ein hoher Lenker und eine etwas anders geformte Sitzbank kennzeichneten das Export-Modell.

Soweit der kleine Abriss über Zündapps S-Klasse, bei dessen Betrachtung allerdings die erfolgreichen Werksgeländemaschinen und die käufliche, aber nur 84 Mal gefertigte Moto-Cross Variante außen vor bleiben müssen.

Werks-Geländemaschine auf Basis der 175 S

Auch die 175 S Trophy diente als Ausgangsmodell für den Geländesport

Eine jener zahlreichen Plastilin-Studien an S-Modellen. Im Hintergrund ist noch eine weitere Variante erkennbar

Die 200 Challenger für den Export nach USA mit 16 ″ Rädern

Der Amerika-Ableger der 250er

Werner Haas

Dreifacher Motorradweltmeister

von Thomas Reinwald

Er galt in den fünfziger Jahren, als die deutsche Motorradindustrie in großer Blüte stand, als einer der besten und talentiertesten deutschen Motorradstraßenrennfahrer. Dass er sich gegen die starke ausländische Konkurrenz durchsetzen konnte, zeigte der Gewinn seiner drei Weltmeistertitel in den Jahren 1953 und 1954. Was ihn damals stets auszeichnete, war seine Unbekümmertheit, die ihm bei den Zuschauern, Industrievertretern und nicht zuletzt bei den jungen Frauen große Sympathien entgegenbrachte. Haas blieb trotz des kometenhaften Aufstiegs ein natürlicher junger Mann, der bescheiden blieb und stets einfach nur Rennen fahren wollte.

Doch auch Werner Haas fuhr schon einige Jahre aktiv Rennen, bevor er den Ruhm und die höchsten Lorbeeren des Motorradsports einstreichen konnte. Der erste Kontakt mit einem Motorrad datierte er gemäß seiner eigenen Aussage auf das Kriegsjahr 1941. Werner Haas wurde am 30. Mai 1927 in Augsburg geboren, war bei diesem Kontakt also gerade mal 14 Jahre alt. Zu dieser Zeit war er noch in der Schule, in der er aber außer für das Fach Zeichnen keine großen Vorlieben entwickelte. Nach den Schuljahren lernte er drei Jahre als Kfz-Mechaniker, was ihm schon mehr Spaß bereitete. Vor allem die großen Motorräder, die zum Reparieren anstanden, hatten es ihm angetan. Mit seinem Freund Thom versuchte er nach der Lehrzeit mit einer kleinen Reparaturwerkstatt für Motorräder ein paar Mark zu verdienen. Doch als Werkstatt diente das Wohnzimmer von Thoms Mutter und das ging nicht lange gut.

Mit dem Kriegsende – für acht Wochen musste Haas noch in den Kriegsdienst ziehen – versuchte sich der nun 18jährige als Lastwagenfahrer. In seiner Freizeit bastelte er jedoch immer an einer alten NSU 501 OSL herum, mit der er bei Straßenrennen antreten wollte. Es dauerte aber noch bis zum Jahr 1947, als der erste Start anstand. In Mindelheim hegte er Hoffnung auf einen guten Platz und tatsächlich geschah das Traumhafte: er siegte und fuhr gleich auch noch eine Rekordrunde. Ein Auftakt nach

Josef Wiedemann mit Otto und Werner Haas (98) stehen neben einer der selbstaufgebauten 125er Ardies

Maß. Die Niederlage folgte allerdings gleich danach, denn beim nächsten Lauf in Memmingen stürzte er und musste mit starken Verletzungen ins Krankenhaus eingeliefert werden. Diese Enttäuschung konnte jedoch den Eifer von Werner Haas nicht mindern und schon bald schloss er Bekanntschaft mit H. P. Müller, einem der damals größten deutschen Rennfahrer. Bei Müller baute er eine alte 500er NSU mit Einzylinderkönigswellenmotor auf und wollte mit diesem Motorrad beim Ausweislauf auf dem Münchner Flugplatz Riem starten. Die Maschine lief sehr gut und ein dritter Platz in der großen Klasse untermauerte das Fahrtalent von Werner Haas. Mittlerweile hatte auch sein Bruder Otto Begeisterung für den Motorradrennsport entdeckt.

In der Stadt Augsburg sprach sich unter den Motorsportbegeisterten natürlich auch bald herum, dass die beiden Haasbrüder bei Motorradrennen mitfuhren. Das kam auch dem Ardie-Händler Josef Wiedemann zu Gehör. Wiedemann fand Sympathie an den beiden und unterstützte sie. Aus Restbeständen einer Vorkriegs-125er Ardie bastelten sich Werner und sein Bruder jeweils eine eigene Rennmaschine zurecht, bei der das Hinterrad ungefedert war und das Vorderrad über eine antiquierte Trapezblechgabel nur spärlich gefedert wurde. Den serienmäßigen Schwingsattel befestigten sie starr und auf das kleine hintere Schutzblech kam ein „Rennbrötchen". Mit dieser Ardie startete Werner bei den örtlichen Sand-, Grasbahn-, und Straßenrennen. Je nach Rennen veränderte er den Lenke. So wurde dieser für die Straßenrennen nach unten gekröpft und für die Bahnrennen kam ein Breiter zum Einbau.

Der Gönner Josef Wiedemann beobachtete natürlich die beiden Brüder sehr genau und als sich abzeichnete, dass sich mit Werner ein außergewöhnliches und überaus erfolgreiches Talent entwickelte, machte er sich bei der Nürnberger Firma Ardie für Werner Haas stark, damit dieser richtig konkurrenzfähiges Material bekommen würde. Da Ardie jedoch keinerlei Ambitionen im Straßenrennsport hatte, konnte man Werner Haas nur ein Motorrad für die Zuverlässigkeitsfahrten zur Verfügung stellen. Werner Haas nahm dieses Angebot an und so saß er ab 1950 auf einer Ardie, die im Werk hergerichtet wurde.

Werner Haas enttäuschte auch hier nicht und bei seiner ersten Deutschlandfahrt im gleichen Jahr konnte er sogleich stolz den Gewinn einer Goldmedaille verzeichnen. Im Nürnberger Ardiewerk fand er zudem in dem langjährigen Werksfahrer Georg Thumshirn, der mittlerweile 57 Jahre alt war, einen großen Lehrmeister. Thumshirn hatte trotz seines

Mit Startnummer 4 wirft Werner Haas kurz vor dem Start noch einmal einen Blick auf den Ardiemotor. Für die Straßenrennen hatte der Lenker eine stark nach unten gekröpfte Neigung

Mit der gleichen Maschine bestritt Werner Haas (Startnummer 4) auch Sand- und Grasbahnrennen. Hier hatte er einen weitausladenden Lenker montiert

Alters das Geländefahren noch nicht verlernt und so trainierte er zusammen mit dem nun 23jährigen Werner im Sandsteingelände am Nürnberger Tiergarten. Werner Haas fand Gefallen an den Zuverlässigkeitsrennen und gewann auch bei der Deutschlandfahrt 1951 erneut eine Goldmedaille. Daneben nahm er noch das höchste Edelmetall von der Fahrt durch Bayerns Berge, der Bruder-Straubinger Fahrt, der Wintersternfahrt, der Achtstundenfahrt auf der Solitude sowie von der Dreitagefahrt mit nach Hause. Auch Silbermedaillen wurden ihm ausgehändigt, so bei der Nordbayerischen Zuverlässigkeitsfahrt und bei der Schwarzwaldfahrt.

Allerdings gab es auch manch unvorhergesehenes Ereignis, denn bei der Sechstagefahrt 1952 stürzte er am vierten Tage so schwer, dass er mit inneren Verletzungen, Gehirnerschütterung und Rippenbrüchen ins Krankenhaus eingeliefert werden musste. Das war dann auch gleich seine letze Fahrt für das Nürnberger Unternehmen. Zwar fuhr Haas im Geländesport sehr erfolgreich, doch seine Liebe galt nach wie vor noch dem Straßenrennsport. Und so bastelte er sich für die Saison 1952 wieder eine kleine Maschine zurecht, denn Ardie hatte nach wie vor für Straßenrennfahrer nichts Passendes im Programm.

In einer 125er Puch mit 4-Gangmotor und Blechrahmen sah Werner Haas gute Chancen und fuhr neben den Ardiemaschinen nun auch noch die Puch. Dieburg war sein erster Start mit der österreichischen Maschine und zu aller Überraschung setzte er sich an die Spitze und führte die Meute an, doch ein Defekt am Zündmagneten ließen alle Träume von einem Sieg wie eine Seifenblase platzen. Als nächstes folgte ein achter Platz am Nürburgring, ein vierter Platz beim Bergrennen am Feldberg, wo er hinter drei NSU-Werksmaschinen als bester Privatfahrer wieder einmal für Aufsehen sorgte. Es folgten der Lauf in Schotten und danach ging es am 19/20. Juli 1952 auf die Solitude, dem größten Motorradsportereignis des Jahres, denn erstmals nach dem Krieg bekam Deutschland an diesem Tag einen Weltmeisterschaftslauf zugesprochen. 400 000 Zuschauer pilgerten zur Rennstrecke, doch an einen deutschen Sieg glaubte kein Mensch.

Dieser Lauf sollte die Weichen für die Zukunft von Werner Haas stellen, doch er wusste dies noch nicht. Was ihm zugute kommen sollte war das Pech der

Bruderduell bei einem Straßenrennen. Mit Startnummer 161 fährt Otto Haas vor seinem Bruder Werner, beide auf Ardies

Werner Haas verfolgt mit seiner Ardie vor eindrucksvoller Kulisse gerade einen Fahrer auf einer Ladepumpen DKW

NSU-Werke, weil Werksfahrer Hofmann gestürzt war und bei diesem Motorradfestival nicht fahren konnte. Doch NSU wollte auf seiner Hausstrecke unbedingt die Werksmaschinen präsentieren. Da fiel das Augenmerk der NSU-Leute, allen voran Rennleiter Gustav Germer, auf Werner Haas. Der bot Haas für das Samstagstraining die Werksmaschine von Hofmann an und Haas fühlte sich auf diesem Motorrad gleich wohl. Mit einer schnellen Runde überzeugte er die NSU-Leute.

Werner Haas sollte am Renntag auf dieser Maschine den 125er Lauf bestreiten. Als der Start freigegeben wurde, schob sich H. P. Müller sofort an die Spitze, es folgten Sala (MV Agusta), Ubbiali (Mondial) und danach ein Dreierpulk aus den NSU Fahrern Daiker, Haas und Luttenberger, doch Daiker stürzte bereits in der ersten Runde und fiel aus. Nun kam die große Stunde des Werner Haas, er schob sich an die Spitzengruppe in der zweiten Runde heran und als beim dritten Durchlauf die Reihenfolge Haas – Ubbiali lautete, waren die Zuschauer aus dem Häuschen und die Stimmung kochte über.

Haas führte weiterhin vor Weltmeister Ubbiali, die nächste Runde auch noch, doch keiner konnte sich vom anderen absetzen. In den Kurven schob sich Ubbiali wieder an Haas vorbei, doch auf der Geraden hatte die NSU mehr Dampf und Haas erkämpfte sich erneut die Führung. So ging es Runde um Runde. Die zehnte Runde, die letzte: Noch ist nichts entschieden. Und da kamen sie wieder, wer liegt vorne? Die Nummer 21, Haas! dahinter mit 20 Meter Abstand Ubbiali. Es waren nur noch wenige Meter bis zum Ziel und da fiel die Flagge, Haas gewann, unglaublich - die Sensation war vollbracht. Keinen hielt es mehr auf den Sitzen, die NSU-Leute rissen die Arme hoch und Werner Haas war mit einem Schlag in der ganzen Republik bekannt. Er bekam fortan einen Werksvertrag von NSU und fuhr die 125er- und die 250er Maschine.

Erneut für Furore sorgte Werner Haas beim Meisterschaftsendlauf auf dem Grenzlandring am 31. August 1952 in der 250er Klasse. Mit über einer Minute Vorsprung deklassierte er die DKW-Mannschaft mit Fahrer Felgenheier. Dieselbe Maschine setzte er in der 350er Klasse nochmals ein – NSU wollte sehen, wie konkurrenzfähig das Motorrad war – und auch hier spielte Werner Haas mit dem restlichen Feld, in dem er vom Start weg in Führung ging, diese ausbaute, eine Rekordrunde fuhr und dann aber wegen eines technischen Defekts vorzeitig ausscheiden musste.

Start frei bei einer Zuverlässigkeitsfahrt. Werner Haas bewegt hier mit der Startnummer 78 eine 125er Serienardie

ADAC-Ehrung für Werner Haas zu Beginn der fünfziger Jahre als er noch auf Ardie fuhr und nur unter Insidern bekannt war. Zwei, drei Jahre später gehörten die Ehrungen zu seinem Alltag

Blieb für die Saison 1952 noch der 250er Lauf von Monza zu erwähnen. Haas erwischte einen schlechten Start und Lorenzetti (Moto Guzzi) als Weltmeisterschaftsanwärter war schon auf und davon. Werner Haas machte jedoch durch rabiate Fahrweise von Runde zu Runde Boden auf ihn gut und fuhr eine Rekordrunde nach der anderen. Doch anders als bei der Solitude war diesmal das Publikum auf der Seite des heimischen Lorenzetti. Dieser schien sich ab der Hälfte des Rennens durchzusetzen und behielt die Führung. Doch in Runde 16 überholte ihn der Augsburger und in die letzte Runde bog Haas als Führender ein, dicht gefolgt von dem Italiener, beide rasten auf die Zielgerade zu und beide fuhren gemeinsam über den Zielstrich. Niemand wagte zu sagen, wer gewonnen hatte, schließlich musste ein Zielfoto entscheiden – zu Gunsten Lorenzettis. Haas fehlten lediglich 20 Zentimeter. Am Jahresabschluss 1952 belegte Haas einen fünften Platz in der nationalen 125er Wertung und einen sechsten Platz bei der 250ern.

Das Jahr 1953 sollte dann der Höhepunkt in der Karriere des 26jährigen sein und mit dem Gewinn der Weltmeistertitel in der 125er- sowie in der 250er Klasse und den nationalen Meistertiteln ebenfalls in diesen beiden Klassen hatte er in diesem Jahr alles gewonnen, was es im Motorradrennsport zu gewinnen gab. Ein englischer Redakteur schrieb damals, dass Werner Haas auf internationaler Motorsportebene bis 1953 ein unbeschriebenes Blatt gewesen sei, aber 1953 ihn jedermann kannte. Werner Haas war zudem der erste Motorradweltmeister aus Deutschland und machte mit seinen Erfolgen NSU in der ganzen Welt bekannt. Als Krönung dieser erfolgreichen Saison wurde er 1953 zum Motorsportler des Jahres gewählt.

Für die Rennsaison 1954 wurden nun in das Gespann Werner Haas/NSU ganz hohe Erwartungen gesetzt, doch man konnte die Leistungen ja nicht mehr überbieten. In der 250er Weltmeisterschaftswertung brachte der erste Lauf im französischem Reims ein gutes Omen, denn der 27jährige Haas gewann vor seinem Teamkollegen H. P. Müller. Als zweiter Renntermin stand die Tourist Trophy im Kalender, Haas siegte hier ebenfalls, diesmal vor seinem Partner Rupert Hollaus. Beim dritten Lauf, dem Grand Prix von Ulster, konnte er abermals das oberste Treppchen besteigen und auch beim vierten Lauf im niederländischen Assen fuhr Haas als erster über die Ziellinie. Damit stand bereits zwei Rennen vor Schluss Werner Haas als neuer und alter Weltmeister der 250er Klasse fest.

Deutschlandfahrt 1951 auf einer Ardie B 251

Der Weltmeister fuhr mit seiner Gelände-NSU auf den 2.224 m hoch gelegten Nebelhorngipfel hinauf. 1 Stunde 45 Minuten brauchte er für diese doch sehr gefährliche Art der Bergbesteigung

Sitzprobe auf der noch nicht ganz fertigen NSU-Werksmaschine

Werner Haas startete mit der Starnummer 77 bei der Nordbayerischen Zuverlässigkeitsfahrt 1956.

Hier hilft Werner Haas gerade dem Amberger Lorenz Steindl beim Anschieben seiner Adler

Vor dem Start kümmern sich Techniker um die Maschine von Werner Haas, der bereits auf dem Motorrad sitzt

Bei den 125ern konnte Haas nicht an die gewohnten Erfolge anknüpfen, der Weltmeistertitel ging an seinen NSU-Kollegen und Freund Rupert Hollaus, der jedoch beim Lauf in Monza am 10. September 1954 tödlich stürzte und NSU daraufhin alle Werksmaschinen sofort für alle noch anstehenden Läufe zurückzog. Doch an diesem traurigem Termin war bereits die deutsche Meisterschaft entschieden und wie im Jahr zuvor holte sich die Titel in der 125er und 250er Klasse wieder der sympathische Augsburger.

Durch die hohe Bekanntheit wurde Haas natürlich für die NSU-Presse herumgereicht und so musste er vielerorts Autogrammstunden absitzen. Auf der IFMA war es auch einmal wieder Zeit für Autogramme, doch Werner Haas war nicht am NSU Stand. Er hatte sich zum Stand von Ardie gesellt und plauderte mit seinen ehemaligen Weggefährten. NSU ließ daraufhin über die Sprechanlage nach Werner Haas ausrufen, doch dieser äußerte sich in Augsburger Dialekt abfällig darüber, dass er nun wieder das lästige Autogrammschreiben machen müsse ...

Eine der begehrten Autogrammkarten des Weltmeisters

Mit dem Rückzug von NSU aus dem Werksrennsport war die Domäne von Werner Haas vorbei. Er bestritt für NSU noch die Wertungsläufe der deutschen Geländemeisterschaft bei Zuverlässigkeitsläufen 1956 und lag während der Saison in Führung, doch am Ende musste er sich von Zitzewitz (Maico) geschlagen geben und mit Platz zwei der Wertung begnügen. Im selben Jahr nahm er bei der Sechstagefahrt teil, bei der er allerdings vorzeitig ausfiel.

Zwar fuhr Werner Haas auch im Geländesport so beherzt, wie man es von ihm gewohnt war, doch das Motorradfahren wurde immer mehr von seiner neuen Liebe verdrängt, der Fliegerei. Im Jahr 1956 machte er den Flugschein und am 13. November 1956 setze er sich hinter das Steuer einer kleinen Maschine und hob zu einem Probeflug ab. Über den Flugplatz Zell bei Neuburg an der Donau in etwa 30 Metern Höhe hatte das Flugzeug plötzlich Probleme, trudelte und stürzte ab. Der 29jährige Pilot Werner Haas hatte keine Chance und war auf der Stelle tot.

Motorradmessen IFMA und Intermot

Ein geschichtlicher Streifzug

von Thomas Reinwald

Die Motorradmesse als ideales und vielbeachtetes Ereignis, um Neuheiten vorzustellen, um neue Trends zu entdecken oder um einfach zum Mekka der motorisierten Zweiradgilde zu sein – das war die Motorradmesse nicht immer. Zwar ist es außerordentlich schwierig den Beginn des Messewesens für Motorräder auszumachen, doch sicher ist, dass der Ursprung der Motorradmesse in den zwanziger Jahren in Deutschland stattfand, just in den Jahren, als die Motorradhersteller im Deutschen Reich wie Pilze aus dem Boden schossen und das Motorrad zum Fortbewegungsmittel Nummer eins auf den deutschen Straßen avancierte. Schon damals gab es die Frankfurter Messe – eine reine Motorradausstellung. Allerdings ging deren Bedeutung nicht über eine nationale Messe hinaus, sie hatte sogar eher regionalen Charakter.

Ein Querschnitt durch die Aussteller der Frankfurter Messe im Frühjahr 1924 zeigt Fir-men, die schon nach wenigen Jahren nicht mehr unter den Anbieter sein sollten. Als Motorradanbieter stellten aus: Grade Motorenwerke AG, Max Fischer, Schwalbe (Gebr. Spiegler), Stenda-Werke GmbH, Zürz-Rekord, Zetge, Ziejanü – um nur einige zu nennen. Ähnliche Ausstellungen gab es auch in Nürnberg und in Leipzig, wo zum Beispiel Modellneuheiten vorgestellt wurden. Daneben gab es zahlreiche Anbieter von Zubehörteilen, die mehr oder minder viel mit dem Motorrad zu tun hatten. Während etwa der Hersteller Dö-Mo-Ges Getriebe anbot, erhoffte sich die Fa. Perkeo, dass der eine oder andere Messebesucher ihre Schaumfeuerlöscher kauft. Einen Verkaufserfolg erhoffte sich wohl auch die Fa. Wolf, Netter & Jacobe, die eine zusammenklappbare

Ein Blick auf das Berliner Messegelände Mitte der zwanziger Jahre

Motorradgarage ausstellte. Leider hoffte man vergeblich, denn der Verkaufserfolg blieb aus.

1924 war ein nennenswertes Jahr für die Deutsche Automobil- und Motorradausstellung, die schon seit 1899 als Automobilausstellung existierte. Es war das erste Jahr, in dem die Trennung von Motorrädern und Automobilen wegen Raumproblemen vollzogen wurde. Diese Messe fand stets im Herbst statt und hatte einen wesentlich höheren Stellenwert als zum Beispiel die vorhin erwähnte Frankfurter Messe. Hier präsentierten sich die bekannten Motorradfirmen wie NSU, Victoria-Werke AG, BMW AG, Deutsche Werke AG, Mars-Werke AG, Megola-Motoren AG, DKW oder auch die Zündapp GmbH. Die führende englische Motorradindustrie hingegen nutzte als Plattform für ihre Modelle die internationale Motorradausstellung in Genf. Nun war es natürlich Aufgabe der damaligen Zeitschriftenredakteure, über die Besonderheiten solcher Messen zu berichten. Die Objektivität heutiger Berichte kannte man seinerzeit allerdings nicht. Vielmehr war es gängige Praxis, dass die Firmen den Redakteuren eigens verfasste Artikel zukommen ließen, die dann meist auch so abgedruckt wurden. Damit wurden die Produkte zwar einigermaßen gut beschrieben, doch eine kritische Betrachtung der Objekte gab es nicht. Diese Praxis hielt sich bis in die dreißiger Jahre.

Unter der nationalsozialistischen Regierung gewann die jährliche Berliner Ausstellung – IAMA als Abkürzung für Intern. Automobil und Motorradausstellung – ein großes Gewicht unter den Motorradherstellern. Die Messe entwickelte sich zur Plattform für Neuheiten. Um der Ausstellung ungeteilte Aufmerksamkeit zukommen zu lassen und nicht durch kleinere Parallelmessen von ihr abzulenken, hatte die Vereinigung der Motorradfabriken, dem alle deutschen Hersteller angehörten, schon Mitte der dreißiger Jahre ein Verbot von Sonderausstellungen während der IAMA erlassen. Dieses Verbot wurde jährlich erneuert. Ein Nichtbeachten der Anordnung konnte bis zum Ausschluss aus dem Verband führen.

Neben den Motorradfirmen versuchten sich auch die Zubehörbetriebe durch gelungene Präsentationen ihrer Produkte ins Gespräch zu bringen. Manchmal ging dies allerdings schief, so auf der Messe 1935, als am Stand des Lackherstellers Fa. Beck, Koller & Co ein uralter Motorradrahmen für Pinselversuche verwendet wurde. Ein historisch Interessierter identifizierte diesen schließlich als eine aus Berlin stammende Magnet – und das war zufällig das älteste Motorrad der gesamten Ausstellung, denn diese Firma hatte nur bis 1924 existiert. Neben solchen Negativschlagzeilen wurden aber vor allem die technischen Innovationen hervorgehoben. Der

In den zwanziger Jahren waren alle Messestände einheitlich gestaltet

Der Messestand von Zündapp auf der IAMA in der zweiten Hälfte der dreißiger Jahre

Nürnberger Hersteller Ardie machte 1933 Schlagzeilen mit dem Modell RBZ 203 Dynastart, bei der ein elektrischer Anlasser die 200er starten sollte. Die Bosch-Dynostart-Anlage fiel noch relativ groß aus und wurde durch seitliche Blechteile verdeckt. Das Fahrzeug blieb allerdings ein Ausstellungsstück.

Von solchem technischen Können der deutschen Motorradhersteller ließ sich gerne eine Delegation von ranghohen NSDAP-Angehörigen beeindrucken. Traditionell fand ein Messerundgang statt, bei dem die Hersteller den Politikern ihre neuesten Motorräder präsentierten. Selbst der damalige Reichskanzler Hitler gab sich als Motorradexperte zu erkennen. Im Hause Victoria blieb dies schmerzhaft in Erinnerung, denn als die neue KR 9 am Messestand dem Reichsführer vorgestellt wurde, fragte er den Victoria-Verkaufsleiter Klein, ob die neue Maschine noch immer die gleichen Probleme wie der Vorgängertyp KR 8 habe Leider ist die Reaktion der Victoria-Mitarbeiter hierauf nicht überliefert, sie dürfte aber eher kleinlaut ausgefallen sein.

Im Jahre 1937 dominierten andere Gesprächsthemen die Motorradbranche: die stromlinienförmig ausgebildeten Motoren von Victoria, die Fortführung der Rohrrahmenkonstruktion bei BMW in der neuen R 6 oder etwa, dass bei Triumph eine elektrische Leerlaufanzeige eingebaut wurde. Am Rande sei als Besonderheit noch vermerkt, dass die Eintrittspreise je nach Tag und Besuchszeit gestaffelt waren. So kostete zum Beispiel am 1.3.1937 zwischen 9 und 14 Uhr die Karte 3 RM, während der Preis von 14 bis 20 Uhr nur noch 2 RM betrug. Die letzte IAMA fand vom 17.2 bis 5.3.1939 am Berliner Kaiserdamm statt. Damit sollte Berlin als Motorradmessestandort der Vergangenheit angehören.

Doch bis die Pforten der nächsten Messe geöffnet werden wurden, erlebte die Welt das Trauma des Zweiten Weltkriegs. Und erst nachdem wieder einigermaßen Ordnung in das Wirtschaftsleben der Nachkriegszeit gekommen war, stellte sich wieder die Frage, wo die wieder erstandene Motorrad-Industrie ihre Produkte zeigen könnte. Um 1949 fasste man zunächst den Plan, auf der Hannoverschen Exportmesse präsent zu sein, doch der ausstellende Verband hatte nicht genügend Räumlichkeiten zur Verfügung. Vereinzelt stellten ein paar kleinere Hersteller dort aus, wer jedoch den internationalen Standard suchte, der präsentierte sich auf dem Genfer Salon. Und für Produkte aus dem östlichen Raum bot die Leipziger Messe die passende Plattform. Die

Die Präsentation von Hercules fiel zu Beginn der fünfziger Jahre noch sehr spartanisch aus

Einblick in das Messegeschehen während der ersten IFMA in Frankfurt am Main.

Zersplitterung nahm 1951 ein Ende, denn die IFMA mit Standort Frankfurt am Main wurde ins Leben gerufen. Als Abkürzung für Internationale Fahrrad- und Motorradausstellung wurde sie fortan alle zwei Jahre zum Inbegriff und Pilgerort für Motorradfahrer – und die wurden zu Beginn der Wirtschaftswunderzeit immer mehr. Den Nachkriegshunger nach fortgeschrittener Motorradtechnik konnte die erstmalige IFMA durchaus stillen. Allerdings, so mancher Hersteller präsentierte seine Produkte etwas zu früh. Bei Victoria war beispielsweise die vielfach bestaunte V 35 lediglich mit einem Holzmotor versehen. Trotz einer sofortigen Erklärung, dass das Modell noch etwas Entwicklungszeit benötigen werde, dauerte es noch mehr zwei Jahre, bis die erste V 35 ausgeliefert werden konnte.

Die zweite IFMA - vom 21. bis 28. Oktober 1953 - wurde zum mit Spannung erwarteten Publikumsmagnet. Rund 15 % mehr Besucher als zur Premiere verzeichnete der Veranstalter. Dies entsprach etwa 350.000 zahlenden Besuchern. Diese konnten sich wieder über ein extrem großes Angebot informieren und sahen gleichzeitig Motorräder, die niemals auf Deutschlands Straßen fuhren. So stellte Triumph das Modell Duplex, mit Doppelkolben-Zweizylinder Motor aus und Zündapp zeigte den 250er Viertakt-Boxer, der ebenfalls nicht in Serie gefertigt wurde. Der Karlsruher Hersteller Gritzner wollte mit einem vollverkleideten Motorrad die Akzeptanz bei den Besuchern und bei den Journalisten testen und erntete vor allem in der Presse nur Hohn. In selbstherrlicher Betrachtung betitelte Zündapp die Messe als „Abkehr von der Primitivität" und hob dabei hervor, dass man wohl selbst den größten Beitrag dazu beisteuere. Verstellbare Federbeine, eine komfortable Vorderradschwinge und der Roller Bella trugen nach eigener Zündapp-Einschätzung dazu bei. Naturgemäß sahen dieses die Mitbewerber etwas anders, doch Fakt blieb, dass diese Messe vor allem mit Neuheiten im Bereich des Fahrwerkbaus glänzte. Im Nachhinein ist die IFMA 1953 aber mit einem anderen Aspekt in die Geschichtsbücher gegangen.

Es war das Jahr, in dem die Fahrzeuggattung des Mopeds geboren wurde. Die nächste IFMA fand nun nicht im Zweijahresrhythmus statt, sondern erst wieder im Jahre 1956. Mit einem Besucherrekord von 308.000 Zuschauern schloss am 28.10.1956 die Messe ihre Pforten. Geprägt war diese Motorrad-

Triumph stellt die BDG 125 auf der IFMA 1951 in den Mittelpunkt

Die Zündapp 250 stand als Prototyp auf der IFMA 1953, ging aber nicht in Serie. Die Prospekte wurden allerdings schon während der Veranstaltung verteilt

messe vom Damoklesschwert, das über der gesamten Industrie hing. Nahezu jedem Motorradhersteller ging es schlecht – der Absatz der motorisierten Zweiräder ging immer mehr zurück und es gab scheinbar kein Gegenmittel, dies zu stoppen. Stellvertretend für die Fehler sei hier die Kooperation zwischen Hercules-Triumph und Adler genannt, die ihr Verkaufsprogramm an einem Gemeinschaftsstand anboten. Im Nachhinein hatten sich dann einige der Besucher beschwert, denn sie hatten nicht gewusst, dass man nur noch einen einzelnen Stand hatte und suchten – natürlich vergeblich – die Messepräsenz der drei einzelnen Hersteller. Einziger erkennbarer Trend, der die deutschen Hersteller etwas positiv stimmte, war die große Nachfrage nach Mopeds.

In dieser Fahrzeugkategorie gab es ein immens großes Spektrum, das von primitiven Fahrzeugen bis zu Luxusmopeds und sogenannten Sportmopeds reichte. Der Begriff des Kleinmotorrads - später hießen sie dann Kleinkrafträder - wurde auf dieser IFMA geprägt. Allerdings brachte dieses Segment nicht für jeden Händler Besserung mit sich, so dass diese Messe für einige Hersteller gleichzeitig die letzte IFMA war. Dazu gehörten Victoria, Triumph, Express, Ardie, Adler, um nur einige zu nennen. Trotz der misslichen Situation in der deutschen Motorradindustrie gab man im Herbst 1957 bekannt, dass auch 1958 eine IFMA abgehalten werden solle, aber dort keine Kleinwagen gezeigt werden sollten, wie sie ja zu der Zeit von einigen Zweiradhersteller (Zündapp, BMW, Victoria,...) gefertigt wurden. Aus dieser Ankündigung entwickelte sich eine kontroverse Diskussion, so dass sich letztlich zwei Lager bildeten – die einen wollten ihre Kleinwagen ebenfalls ausstellen während die anderen auf einer Ausstellung ohne jegliche vierrädrigen Fahrzeuge bestanden. Konsequenz dieser Debatte war schließlich, dass die IFMA für 1958 abgesagt wurde.

Erst zwei Jahre später konnte der Motorradenthusiast wieder nach Frankfurt pilgern. NSU aber vor allem BMW zeigten eine ganze Palette von Modellen und gaben sich damit optimistisch, dass das Motorrad auch weiterhin eine Zukunft habe. Zündapp, Kreidler, die Zweirad-Union, Hercules und eine Vielzahl kleinerer Hersteller - wie Göricke, Miele, Rex, oder Panther - boten vor allem ausgereifte Mokicks und Mopeds an und bestätigten damit den Satz: „Das Motorrad beginnt heute mit 50 cm³“ – wie Siegfried Rauch damals passend in der großen deutschen Motorradzeitschrift schrieb. Diese Devise wurde auf der IFMA 1962 bestätigt, zumal der Veranstalter in dem Jahr den Slogan „Auf zwei Rädern bleibt man jung“ propagierte. Die wieder im Oktober stattfindende IFMA 1962 hing bis zum Frühjahr 1962 an einem seidenen Faden, erst dann hatte sich der Veranstalter entschlossen, erneut die Messe stattfinden zu lassen.

Die Beliebtheit der 50er setzte sich auch hier fort. Die Verkaufszahlen der deutschen Hersteller zeigten, dass über 90% der in der Bundesrepublik zugelassenen motorisierten Zweiräder Fahrzeuge mit 50 cm³ waren. Die Stände von Kreidler und Maico suchte der Besucher jedoch vergebens. Kreidler hatte sich mit dem veranstaltenden Verband überworfen und Maicos war damit befasst, neue finanzielle Geldspritzen zu erschließen. Ebenfalls nicht anwesend waren die traditionellen englischen Anbieter. Das lag daran, dass es den britischen Firmen – BSA, Norton, Matchless, Royal Enfield – vorsichtig ausgedrückt - schlecht ging. Auf der sechsten IFMA, die vom 16. bis 20.9.1964 stattfand, zeigte sich die britische

Gesellschafter Dr. Mann am Stand „seiner“ Zündapp-Werke 1956

Ausländische Aussteller zeigen Produkte, die nicht immer in Deutschland erhältlich sind, wie hier das Moped der holländischen Firma Union zu Beginn der sechziger Jahre

IFMA 1976: Hercules zeigt den Prototyp eines 350er Zweizylinders – mit Holzmotor

Die legendäre Hercules Wankel W 2000 bei der Vorstellung durch eine Schönheit

Industrie wieder mit einem Gemeinschaftsstand. In diesem Jahr verlegte der Veranstalter erstmalig die mittlerweile etablierte Leitmesse von Frankfurt am Main auf das Messegelände in Köln. Der Veranstalter, die Aussteller und nicht zuletzt auch die Besucher zeigten sich im Nachhinein außerordentlich zufrieden von dem neuen Messestandort.

In diese Stimmung des Zweckoptimismus passte ganz gut, dass die Nürnberger Zweirad-Union neue Motorräder vorstellte. Nahezu drei identische Motorräder standen nebeneinander. Durch ein Baukastensystem wollte man Modelle in den Hubraumklassen 75, 100 und 125 cm³ anbieten. Dies wurde gerne so gedeutet, dass das Motorrad in Deutschland wieder salonfähig werden würde – dass diese Modelle lediglich Ausstellungstücke blieben, das wusste beim IFMA-Besuch noch niemand.

Zum ersten Mal auf der IFMA war der damals noch unbekannte japanische Anbieter Yamaha. Im Schatten des größeren Standes von Honda stellte Yamaha eine Rennmaschine aus und präsentierte drei Modelle mit 50, 80 und 250 cm³ Hubraum. Gleichzeitig mit der Messe kündigte Yamaha an, dass „...man fortan nach Deutschland kommt". Bereits zwei Jahre später galt Yamaha nicht mehr als Außenseiter. Aber auf dieser IFMA 1966 sorgten nicht nur die japanischen Vertreter für Schlagzeilen, sondern ebenfalls eine deutsche Firma. Unter dem Namen Münch-Mammut stellte der Erbauer Friedel Münch in Halle 13 das erste deutsche 1000er Motorrad seit über 30 Jahren vor. Zweckentfremdet trieb ein NSU-Vierzylinder Automotor das wuchtige Zweirad an. Mit über 80 PS stellte das Motorrad natürlich alles sonst Angebotene an Leistung und Hubraum weit in den Schatten. Kein Wunder, dass sich die Besucher gerade um den Stand von Friedel Münch drängten um einen neugierigen Blick auf die Mammut erhaschen zu können.

Als Sensation der IFMA 1968 wurde keine Modellneuheit von der Presse ins Rampenlicht gerückt, sondern die Tatsache, dass bei BMW eine Teilung der Geschäftsbereiche beschlossen worden war, die den Bereich der Motorräder gleichwertig neben den Automobilsektor stellte. Dies gab die berechtigte Hoffnung, dass das Motorrad bei BMW auch in Zukunft eine Überlebenschance hätte. Der sich später einstellende Erfolg gab ihnen Recht.

Einen Paukenschlag auf der IFMA 1970 landete das Unternehmen Hercules. Das erste Motorrad mit Wankelmotor stand auf dem Hercules-Stand. Wohl

Der Turbowahn war nur von kurzer Dauer – die Honda CX 500 Turbo verbarg den Lader unter der Verkleidung

Die Messen der siebziger Jahre waren von großvolumigen japanischen Motorrädern geprägt, hier die Kawasaki Z 1 R

Manche Modelle wurden als Sensation der Presse vorgeführt – unter der Plane verbirgt sich die MV Agusta F 4

Auch Rennstars haben während der Messe Arbeit: Pierfransesco Chilli

jeder der insgesamt 66.000 Besucher hat sich diesen Prototyp angesehen. Zwar sah das Fahrzeug so aus, als stände der Serienanlauf unmittelbar bevor, doch erst 1974 konnte das erste Modell ausgeliefert werden. Weitere Highlights dieser IFMA waren die neue 125er aus dem Hause Zündapp und das schon oftmals für tot erklärte Unternehmen Maico. Dort waren die eigenen Motoren mit einem sechsten Gang ausgestattet worden. Dass daneben erstmals auch der amerikanische Hersteller Harley-Davidson und der italienische Traditionshersteller Gilera anwesend waren, sogar polnische als auch russische Motorräder ausgestellt wurden, zeigte, dass der Motorradmarkt in Deutschland wieder ein ernstzunehmender Wirtschaftsfaktor werden sollte.

Der Auftakt zu einem neuen Motorradboom in Deutschland wurde 1972 sichtbar. Sportliche Motorräder dominierten, wobei Leistung im Überfluss vorhanden war. 112.000 zahlende Zuschauer zeigten, dass das Motorrad an Beliebtheit enorm zugenommen hatte – gleichwohl noch weit hinter den über 300.000 Besuchern der fünfziger Jahre zurückliegend. Sensation dieser mittlerweile 10. IFMA war die luftgekühlte Vierzylinder-Kawasaki mit 900 cm^3, Doppelnockenwellenmotor, einer Leistung von 82 PS und einer Höchstgeschwindigkeit von 200 km/h. Ebenfalls als Anziehungspunkt entwickelte sich der Stand von Ducati, wo großvolumige V-Zweizylinder die Besucher faszinierten. Am Stand von Yamaha fiel die TX 750 mit Zweizylinder Viertakter auf. Bei den kleinen Maschinen sorgte Zündapp für Gesprächsstoff, denn zum ersten Mal stand eine wassergekühlte 50er an deren Stand. Damit setzten die

Max Biaggi auf der Yamaha Fazer, Intermot 2000

Ducati Werksfahrer Carl Fogarty

Prototyp von Aprilia: die Tourenversion...

... und die Sportausführung

Münchner einen Meilenstein in der 50er Entwicklung, was zu dem Zeitpunkt aber kaum jemand richtig einzuschätzern wußte. Im Schatten dieser Highlights ging fast völlig unter, dass fünf Hersteller sogenannte Elektro-Mofas vorstellten. Hercules, Zündapp, SOLO, Kynast und Puch wollten diesen sich abzeichnenden Trend nicht verschlafen und entwickelten ihre Fahrzeuge, angetrieben durch große Batterien. Der Trend bestätigte sich allerdings nicht, so dass lediglich SOLO und Hercules die Serienfertigung aufnahmen, während die anderen rechtzeitig erkannten, dass sich diese neue Art der lautlosen Fortbewegung in Deutschland nicht durchsetzen würde. Solche neuen Bereiche sorgten genauso für Gesprächsstoff auf der IFMA wie beispielsweise die ständig drohende Ölkrise. Doch letztlich zeigte sich, dass das Thema Benzinsparen und alternative Energiequellen ein Randthema blieb. Es bestätigte sich in diesen Jahren der Grundsatz, dass das Motorrad immer mehr zum Freizeit- und Spaßobjekt avancierte, da weigerte man sich, an Ölknappheit zu denken. So pilgerten zwischen dem 21. und 25.9.1974 dann wieder unzählige Motorradbegeisterte in das Kölner Messezentrum. Zwar hatte man im Vorfeld die Messe unter die Devise „Bewährtes verbessern" gestellt, doch wie sich zeigte, sorgte doch so manche Neuheit für Aufsehen. Und wieder – nun zum dritten Mal – stand die Wankel W 2000 am Hercules-Stand. Dass tatsächlich der Wankelmotor das ideale Antriebsaggregat für Motorräder sei, unterstrichen nun auch die Hersteller Suzuki, der Holländer VanVeen und das englische BSA-Konsortium. Am Ende mussten jedoch die Wankelverfechter eingestehen, dass sie sich am Markt getäuscht hatten. Auf der IFMA 1976 war demzufolge das Thema Wankel nur eine Randnotiz wert, kein Wunder angesichts der bis dahin nicht dagewesenen Modellneuheiten. Das Resümee der IFMA 1976 war somit überaus beeindruckend – nie zuvor so viele Besucher, noch nie so viele Neuheiten und auch noch nie so viele zufriedene Aussteller. Die Bedeutung der IFMA in der globalen Präsentation spiegelte sich darin wider, als die kurz vorher stattfindende Londoner Motor-Show und der wenig später abgehaltene traditionelle Pariser Salon nur kleine Premieren hatten, während die Topmodelle auf der IFMA der Welt präsentiert wurden.

Was zeigte nun die bisher größte deutsche Nachkriegsmesse? Das Modell, dem die meiste

Wird heutzutage so ein Design gefunden? MuZ wollte dieses dem Besucher auf der IFMA 1996 suggerieren

BMW F 650, der unumstrittene Star der IAA 1993

Aufmerksamkeit gehörte war die BMW R 100 RS. Der Grund lag darin, dass erstmals ein Großserienhersteller ein Motorrad mit serienmäßiger Vollverkleidung anbot. Das Topmodell von BMW läutete eine komplett neue Boxerära ein und war Vorreiter für eine kommende Welle von verkleideten Motorrädern. Für die jüngeren Besucher stellte die neue Hercules Ultra das zukünftige Traumobjekt dar. In bislang nicht gekannter Form zeigten die Nürnberger ein Kleinökraftrad, das durch seine rote Lackierung, sein gedrungenes sportliches Erscheinungsbild und vor allem durch eine hydraulische Doppelscheibenbremsanlage im Vorderrad bestach. Hercules stellte daneben noch einen Zweizylinder Prototyp mit 350 cm³ aus. Gleichzeitig stand zusätzlich eine 350er Zweizylinder Zweitaktstudie am Stand von Zündapp. Diese beiden Motorräder hegten bei einigen die Hoffnung, dass es bald wieder 27 PS Motorräder aus den beiden bayerischen Firmen geben würde. Sowohl die Hercules als auch die Zündapp blieben jedoch ausschließlich Ausstellungsstücke. Der Grund sahen Experten in den geringen Absatzchancen gegenüber den japanischen Marken. Diese Einschätzung von Seiten der Hersteller mag berechtigt gewesen sein, denn die vier großen japanischen Vertreter boten für nahezu jeden Geschmack Motorräder an. Yamaha zeigte beispielsweise, dass mit der ungewöhnlichen Konstellation von drei Zylindern - XS 750 - in Reihe ein erfolgreiches Modell geschaffen werden konnte. Wesentlich konventioneller stellte dann Honda auf der IFMA 1978 sein Modell CB 900 F vor – ein Bestseller der nachfolgenden Jahre. Suzuki und Kawasaki setzten ebenfalls auf großvolumige Vierzylindermaschinen. Kawasaki bot als Messeknüller sogar sein Sechszylindermodell Z 1300 an. Die Faszination, die von diesem Motorrad ausging, bewog bis zum letzten Ausstellungstag 200 schnellentschlossene Besucher dazu, noch am Messestand einen Kaufvertrag zu unterschreiben. Ebenfalls auf Sechszylindermotoren setzten Honda mit der CBX und Benelli, dessen Modell von bisher 750 auf nun 900 cm³ aufgebohrt wurde. BMW setzte seiner Vorreiterrolle als Verkleidungshersteller noch eins drauf und stellte die BMW R 100 RT vor, für Tourenfahrer mit hoher

Scheibe – ebenfalls ein Verkaufserfolg der späteren Jahre. Gleichzeitig wurde eine Diskussion in entfacht, die sich eingehend mit dem Für und Wider von Vollverkleidungen beschäftigte. Dass die Befürworter sich schließlich durchsetzten, zeigt nicht zuletzt das heutige Bild der Straßenmotorräder.

Bereits auf der IFMA 1980 zeigte sich auch, dass die Verkleidung nicht nur als Schutz vor Wind und Wetter dienen kann, sondern eine Art Sichtbarriere darstellt. Honda bot die erste turbogeladene Maschine als CX 500 Turbo an, wobei die Verkleidung den Turbolader darunter verbarg. Turbo, das war das magische Wort, welches die IFMA 1980 beherrschte. War der Abgaslader das Geheimnis, um aus wenig Hubraum eine hohe Leistung zu bekommen? Was anfangs mit einem klarem „Ja" von den japanischen Herstellern beantwortet wurde, stellte sich ein paar Jahre später doch als zu große Euphorie heraus. Der Kunde verlangte weiterhin nach Leistung, die einzig durch Hubraum erzielt wurde und verpönte bald die Turbogeschosse, wie sie Honda, Yamaha und auch Kawasaki in Serie fertigten. Für die Jugendlichen begann das neue Jahrzehnt mit der Unterscheidung zwischen der Klasse der Kleinkrafträder und der Leichtkrafträder. Eine große Diskussion setzte ein, ob die Hubraumgrenze für die ab 1980 ins Leben gerufene Leichtkraftradklasse nun 80 oder 100 cm^3 haben solle. Mag dies manchen gestandenen Motorradfahrer nur am Rande interessiert haben, so gab es doch einen Zwischenfall am zweiten Messetag, der bei den Betroffenen im Gedächtnis haften blieb. Die Messe musste zeitweise wegen Überfüllung geschlossen werden. Das hatte es bis zu dem Zeitpunkt niemals zuvor gegeben. Die Besucher drängten sich wie eine einzige Traube durch die Hallen, die Rolltreppen standen teilweise wegen Überlastung still und am Stand von Honda musste man anstehen, um einen Blick auf die turbogeladene CX 500 zu erhaschen. Zwei Jahre später spielte sich im Prinzip das gleiche ab, auch wenn es nicht zu Schließung kam. Wieder mehr Besucher (230.000) und wieder mehr Aussteller (1.100), die 15. IFMA glänzte mit Superlativen. In diesem Rahmen hatte sich Honda vorgenommen, das Gesprächsthema Nummer eins zu werden. Neben die Grand-Prix Rennmaschinen NS 500 rückte man die neue VF 750

Die 250er Grand-Prix Gilera von Carlos Lavado war kein Gewinnertyp (1992)

F neben neun weitere Neuheiten des führenden japanischen Herstellers ins Rampenlicht. Die Rechnung ging auf, denn Hondas Präsentation wurde gebührend in der Presse berücksichtigt und auch die Käufer honorierten das Modell in den nächsten Jahren.

Für die Zweiräder des Münchner Traditionsherstellers Zündapp hingegen fand 1982 der letzte Auftritt statt. Zwar hatte die Zündapp-Geschäftsleitung zur Messe 1984 den Stand Halle 14, Erdgeschoss, Gang A 50/53 - B 51 reserviert und auch die Messeausweise für die 44 Zündapp-Leute, die zur Standbetreuung eingesetzt waren, bereits ausgegeben, doch zum Schluss sagte man die Teilnahme ab – Zündapp hatte die Zweiradproduktion eingestellt. Damit fand das Sterben deutscher Zweiradhersteller eine Fortsetzung, denn ebenfalls nicht zu dieser Messe angetreten war die Firma Kreidler, die schon vorher in Konkurs gegangen war. Neben BMW hielten lediglich das ostdeutsche MZ-Werk und Hercules die deutschen Fahnen hoch. Ansonsten befand sich das Messeangebot fest in japanischer Hand. Es dominierten wieder großvolumige Motorräder. Yamaha stellte die FZ 750 erstmals vor, Suzuki zeigte sein Big-Bike GSX R 750 und Kawasaki konterte mit der GPZ 600 und 750 R. Die immense Modellflut der vergangenen Jahre machte sich im Umfeld der IFMA bemerkbar. Die Kunden griffen nur noch zögerlich zu Neuheiten, denn oftmals kam schon nach einem halben Jahr das Nachfolgemodell auf den Markt. Diese Zurückhaltung wiederum gab den Händlern Anlass, umzudenken. Und letztendlich führte es dazu, dass die Händler wesentlich zaghafter ihre Bestellungen bei den Importeuren abgaben als noch vor einigen Jahren. Um aus diesem Teufelskreis wieder herauszukommen, wurde die Modellflut etwas eingedämmt und nach der IFMA 1986 äußerten sich die Aussteller vorsichtig optimistisch, dass es wieder aufwärts gehe. Die Händler hatten wieder mehr bestellt als noch 1984. Neben diesem Spiel hinter den Kulissen zeigte die IFMA des Jahres 1986 aber auch, dass die Zeit der herkömmlichen Ausstellung endgültig vorbei war. Um die Aufmerksamkeit des Besuchers zu gewinnen, war nun nicht nur die bloße Anwesenheit von Motorrädern gefragt, sondern vor allem Action. Ob Lichtorgeln, laute Musik oder rasant aufgemachte Filme – alles schien geeignet, Hauptsache die Leute wurden irgendwie zu den Ständen gelockt. Die Krönung der Show war eine Dragstervorstellung. Das wohl kaum mehr als Motorrad zu bezeichnende Vehikel hatte als Antrieb einen 1.000 PS Formel 1 Motor.

Zwei Jahre später öffneten die IFMA-Pforten am 21.9.1988. Bereits im Vorfeld rumorte es gewaltig unter den Ausstellern. Grund dafür war, dass die Messe immer größer wurde und der Besucher den Überblick verlor. Doch es waren nicht die Motorradhersteller, die immer mehr auf die IFMA drängten, nein, es waren die Fahrradanbieter. Nach wie vor hieß die Messe „Internationale Fahrrad- und Motorradausstellung", weswegen die Fahrradhersteller berechtigter Weise ihren Platz forderten. Für die Motorradanbieter wurde der damals aktuelle Run auf das Fahrrad somit zum Fluch. Und auch die Besucher monierten, dass man an zahlreichen Fahrradanbietern vorbei müsse, um einen Motorradanbieter zu finden. Die Mischung der beiden ungleichen Zweiradsparten entpuppte sich als unbrauchbare Lösung. Wer sich dennoch in die Massen stürzte, der erblickte am Stand von BMW die brandneue K 1 mit dem futuristischen Erscheinungsbild. Ansonsten galt für die Leitmesse eine Aussage, die Honda-Pressesprecher Frank Pfirrmann eigentlich nur für die Modelle seines Arbeitgebers machte: „Das neue (bei Honda) ist, dass es nicht viel Neues gibt".

Zum 19. Mal fand dann vom 21.-23.9.1990 die nächste Messe statt. Das Hauptgesprächsthema schon im Vorfeld war diesmal die Rückkehr der englischen Firma Triumph, die sich nach langer Durststrecke wie Phönix aus der Asche erhob und gleich vier Modellneuheiten vorstellte. In Halle 10, 1.Gang Stand C 40 standen als Weltpremiere die neuen Drei- und Vierzylindermodelle. Im Blitzlichtgewitter stand aber auch die Studie namens Morpho von Yamaha, bei der eine Achsschenkellenkung als Vorderradführung eingebaut war. Daneben gab vor allem das Thema Umwelt den Ton an. Mit Katalysatoren warben zahlreiche Hersteller und auch die Zubehörindustrie fühlte sich der Natur verpflichtet. Direkteinspritzung und digitale Motorelektronik zur Reduzierung des Schadstoffausstoßes waren die anderen umweltfreundlichen Schlagworte. Als Yamaha die Morpho den IFMA-Besuchern 1990 zeigte, sah darin jeder ein Projekt, an dem die Ingenieure zeigen wollten, was alles technisch möglich sei. Doch als auf der IFMA 1992 Yamaha mit der GTS 1000 ein Serienmotorrad mit einer solchen Vorderradführung präsentierte, da kam so mancher aus dem Staunen nicht heraus. In Erinnerung blieb die Yamaha-Pressekonferenz aber nicht wegen der ersten serienmäßi-

1992 präsentierte dann Yamaha das erste serienmäßige Motorrad mit Achsschenkellenkung, die GTS 1000

Yamaha Studie Morpho mit Achsschenkellenkung auf der Messe 1990

gen Achsschenkellenkung, sondern wegen eines anderen Zwischenfalls: Die Yamaha-Neuheiten wurden mit viel Rauch und Knallkörpern in Szene gesetzt, doch hatte dabei keiner daran gedacht, dass der Rauch den Feueralarm auslösen würde. Mit lautem Getöse gab der Feuermelder eindeutig Signal, und erst in letzter Sekunde konnte der Einsatz der Sprinkleranlage verhindert werden.

Wesentlich unspektakulärer verliefen die anderen Modellvorstellungen. Das Münchner Haus BMW lud die Pressevertreter wieder in den sogenannten Kronleuchtersaal zum Mittagessen ein. Bei einem Drei-Gänge-Menü wurde die neue Boxermotor-Generation der schreibenden Zunft nahegebracht. BMW galt als treibende Kraft hinter der Initiative, vorgetragen durch den Industrie-Verband Motorrad, erstmalig seit Jahrzehnten auf der IAA wieder Motorräder auszustellen. Der ausstellende Verband der Automobilindustrie und die Vertreter der Motorradzunft wurden sich einig. Damit standen nach 54 Jahren Abstinenz wieder Motorräder zwischen den Automobilen. Allerdings waren nicht alle großen Hersteller anwesend: Honda, Kawasaki und Yamaha fehlten. Deren Budgetplanungen verboten einen zusätzlichen Messeauftritt. Unumstrittener Star der IAA 1993 war die BMW-Neuheit F 650 - der erste Einzylinder seit der R 27 - und die Enduroversion des neuen Boxers R 1100 GS. Jeder konnte sich an den BMW-Neuheiten und an der gezeigten Studie namens C 1 erfreuen.

Dem gewöhnlichen Besucher der IAA blieb allerdings die interessante Presse-Präsentation von Suzuki verwehrt. Im Rampenlicht standen zwar die neuen Motorräder GSX 750 R und RF 900, doch diese Modelle wurden von barbusigen Damen vorgeführt, deren Oberkörper durch einen Body-Painter in Suzukifarben besprüht war. Natürlich belichteten diese Damen unzählige Filme. Von solch spektakulären Vorstellungen blieb die IFMA 1994 verschont, denn dort wurde scheinbar wieder das Motto „Bewährtes verbessern" umgesetzt. Während die großen Firmen keine Sensationen boten, nutzten dies einige kleinere Hersteller. Bimota verpflanzte erstmals den aus der BMW F 650 bekannten Einzylinder in ein eigenes Fahrwerk, und Aprilia brachte die Zweitaktrakete RS 250 mit TÜV-Zulassung auf den Markt. MuZ bastelte an der ersten großvolumigen Maschine, angetrieben von einem Yamaha TDM 850 Motor, die als Prototyp am Stand des ostdeutschen Herstellers gezeigt wurde.

Suzuki-Pressekonferenz zur IAA 1993. Die Damen interessieren scheinbar noch mehr als die Motorradneuheiten

Der Roller-Flop C 1 von BMW, anlässlich der IAA 1997

Zwei Jahre später hatten sich die ostdeutschen Motorradbauer eine Designshow einfallen lassen, wie sie wohl eher in die fünfziger Jahre gepasst hätte. Den Besuchern gaukelte man vor, dass man auch am Ende des zwanzigsten Jahrhunderts das Motorraddesign mittels formbarer Plastilinmassen nach Augenmaß finden werden, so als gäbe es noch keine leistungsfähigen Computer. Nach einem kurzen Schmunzeln passierte der Besucher den Stand und schwelgte durch die wahre Welt der Motorräder. Begeisterung lösten allgemein die beiden von Aprilia gezeigten Prototypen aus, die sowohl in der Sport- als auch in der Tourenversion von einem 1000 cm^3 Motor angetrieben werden sollten. Leider blieben sie aber nur Versuchsfahrzeuge.

1996 dauerte die IFMA vom 2.10. bis 6.10. und war gleichzeitig die allerletzte Motorradmesse auf dem Kölner Messegelände. Das bereits seit einigen Jahren anhaltende Rumoren der Fahrrad- und Motorradaussteller verstärkte sich immer mehr. Die Verbandsvertreter der beiden Sparten, bei dem jeder andere Interessen verfolgte, konnten sich nicht auf ein für alle akzeptables Arrangement einigen. Bereits im Jahre 1990 wurde dieses Thema intensiv diskutiert und die Motorradhersteller drängten auf eine Extramesse, deren Namen IMA (für Internationale Motorrad-Ausstellung) heißen sollte. Zwar wurde aus diesem Vorhaben nichts, doch der Stein war ins Rollen gekommen. Die Konsequenz daraus war, dass die Motorradvertreter sich relativ schnell um einen anderen Messestandort bemühten um dort unter sich sein zu können.

Der passende Rahmen für die neue, auf motorisierte Zweiräder beschränkte Messe wurde in München gefunden, wo alle zwei Jahre das Ereignis sein sollte. Das Etablieren des alljährlichen Turnus von IFMA und IAA zeigte außerdem nicht die erhoffte Resonanz und so nutzte BMW die IAA 97 letztmalig, um die ungeteilte Aufmerksamkeit auf sich zu lenken. Man feierte euphorisch die Premiere des ersten überdachten Rollers, der auf das Kürzel C 1 getauft wurde und sich trotz der Befreiung von der Helmpflicht als Flop entpuppen sollte. Die Automobilhersteller boten ihre Produkte fortan wieder ohne die Zweiräder an.

Dafür begann im Herbst 1998 eine neue Ära der deutschen Zweiradausstellung. Die neue Messe hieß Intermot, abgekürzt für „Internationale Motorräder". München hatte das Bestreben, sofort an die Leitmesse IFMA anzuschließen, was allerdings ein sehr hoch gestecktes Ziel war. Mochte die Skepsis bei manchem Aussteller und Besucher überwogen haben, am Ende der Messe war man sich weitgehend einig: die Fußstapfen, die die IFMA hinterlassen hatte, waren der Intermot nicht zu groß. Was waren die großen Stars der Messe? Yamaha brachte die große Chopperversion, die 1100er Drag Star sowie die straßentaugliche Rennmaschine YZF-R 1 heraus. Honda feierte mit einer Vielzahl von historischen und neuen Motorräder seinen fünfzigsten Geburtstag. Im Blickwinkel der Fotografen waren insbesondere die CBR 600 und der Africa-Twin Nachfolger, der auf den schönen Namen Varadero hörte. Kawasaki erinnerte mit der VN 1500 Drifter an alte amerikanische Indian-Zeiten, was aber die Käufer nicht überzeugte. Ebenso scheiterte der Versuch, mit der W 650 als Neoklassiker eine Nachfrage auszulösen. Suzuki konterte auf Hondas aggressive Zweiradrakete CBR1300

XX mit der GSX 1300, deren Beinamen Hayabusa bald zum Inbegriff für Maximalwerte in Bezug auf Leistung und Endgeschwindigkeit wurde. BMW hingegen baute seine Domäne der Tourenmotorräder nach oben hin aus und präsentierte die K 1200 LT. Die überaus gelungene Messepremiere fand zwei Jahre später ihre Fortsetzung.

Was diesmal vor allem im Gedächtnis blieb, war der ständige Ortswechsel der Pressekonferenzen. Zuerst ging es am Montag, den 11.9.2000, im Hotel Sheraton los. MZ zeigte seine Neuheiten und lud zu einem kleinen Happen ein. Doch der große Genuss am Essen konnte sich nicht einstellen, denn es wartete schon der Shuttle-Bus zur sogenannten Reithalle, wohin Honda einlud. Es wurden nur „starke Pferde" vorgestellt, wobei man neben den Modellen eigentlich viel mehr den 500. Grand Prix Sieg in den Vordergrund schob. Münchens Gourmetführer Käfer sorgte für das überaus delikate Essen. Doch auch hier kam es wieder nur ein zu einem kurzen Stell-Dich-Ein, denn sehr schnell stand der Shuttle wieder bereit, der zurück zum Sheraton fuhr, wo Triumph kurz und knapp seine neuesten Informationen an die Pressevertreter weitergab. Der nächste Pressetermin war extrem geheimnisumwittert, denn Yamaha erwartete seine geladenen Gäste erst um 20.00 Uhr in einer Halle, die sonst für Fernsehproduktionen verwendet wurde. Erwartungsvoll nahm man auf einer Tribüne Platz, während die Kulisse auf der Bühne an das Rom zu Zeiten Cäsars erinnerte. Mit Schauspielern in den Rollen von Gladiatoren, Cäsar, ein paar wunderschönen Damen und muskulösen Männern wurde ein Szenario dargestellt, das als Hintergrundkulisse für die neuen Modelle diente. Erwähnenswert ist, dass sie von den großen Grand-Prix Stars pilotiert wurden. Haga auf der FJR und Biaggi auf der 1000er Fazer.

Überhaupt war diese Intermot überaus prominent besetzt. Halbliter Exchampion Michael Doohan zeigte sich bei Honda und Carl Fogarty war bei Ducati zu sehen. Die internationalen Stars Nobuatsu Aoki, Kenny Roberts jr, Ruben Xaus und Pierfrancesco Chilli gaben Autogramme. Die Unterschriften der Zweiradstars waren schon immer eine begehrte Messebeute. Vor allem in den achtziger Jahren, als Deutschland eine Phalanx von international erfolgreichen Straßenrenn-fahrern hatte, ließ die Jagd nach Autogrammen von Weltmeister Toni Mang, den Grand-Prix Siegern Martin Wimmer, Manfred Herweh, Helmut Bradl und Reinhold Roth eine enorme Warteschlange entstehen. Und auch Harald Eckl, Peter Öttl, Adi Stadler, Gerhard und Alfred Waibel mussten in ihrer aktiven Rennfahrerzeit für ihre Sponsoren zahlreiche Auto-grammstunden auf den Messen abhalten. Natürlich waren neben den Fahrern auch stets Rennmaschinen ein attraktives Lockmittel für potentielle Kunden. Maschinen, die man sonst nur aus dem Fernsehen kannte, konnte der Besucher hier aus nächster Nähe begutachten. In erster Linie waren dies die Welt-meistermaschinen, die die Besucher beeindruckten. Doch auch so mancher kleinere Hersteller zeigte gerne seine Rennmaschinen, obwohl er diese im harten Renneinsatz kaum auf einen vorderen Platz bringen konnte. In erster Linie ging es den Herstellern darum, ihr sportliches Image mit der Präsenz eines schnittigen Motorrads zu untermalen. Die Spitze der Inszenierung ereignete sich allerdings bei der Intermot im September 2004. Im Zuge des spannenden Duells der MotoGP-Klasse zwischen dem jungen Ausnahmetalent Valentino Rossi und seinem spanischen Erzrivalen Sete Gibernau, was einem Kampf der beiden Marken Yamaha und Honda gleichkam, zeigten insgesamt

MV Agusta Werksfahrer Jörg Teuchert während einer Autogrammstunde (2004)

Momentaufnahme am Honda-Stand auf der Intermot 2004

sieben Hersteller und Sponsoren ein Motorrad in den Lackierungsversionen der Weltmeister Yamaha. Doch da zum Messewochenende noch ein Rennen stattfand, dürften hier wohl einige ausgestellten Yamahas über keine aktuelle Grand-Prix Technik verfügt haben – doch wer merkte es schon? Die Vollverkleidung verbarg schließlich den Blick auf den Motor. Ohnehin bleibt es wohl ein niemals zu lüftendes Geheimnis, wie viele der ausgestellten Motorräder gar nicht funktionsfähig waren. Aus den siebziger Jahren ist immerhin bekannt, dass oftmals sauber aus Holz gearbeitete, geschliffene und lackierte Teile einen kompletten Motor äußerlich darstellten. Die Besucher merkten das nicht, denn ein großzügiges Absperrband vermied es, dass irgend jemand das fahrbereit wirkende Fahrzeug mit den Händen berühren konnte. Ebenso häufig dürfte es in der Geschichte des Messewesens auch vorgekommen sein, dass Motoren ohne Innenteile ausgestellt wurden, sei es weil die Teile noch nicht fertig waren oder weil man mit Problemen zu kämpfen hatte, die keiner merken durfte. Diese Tricks werden mit Sicherheit noch heute angewendet. Wichtig für die Aussteller ist es, immer ein überaus positives Bild der Marke wiederzugeben – Probleme sollen müssen dem potentiellen Käufer verborgen bleiben.

„Heile Welt", diese Philosophie wird wohl auch in Zukunft die Intermot, die seit ihrer Premiere hervorragende Fortsetzungen 2002 und 2004 fand, dem Käufer suggerieren. Mit immer neuen Events und Highlights werden die Besucher auf dem Messegelände gehalten. Sei es - wie 2002 durch eine wirklich artistische Vorstellung eines Stuntman auf einem BMW C 1 Roller oder durch Fahrerprobung im Freiluftbereich - für die Tageskarte von 12 Euro wird dem Besucher einiges geboten. Im Rückblick auf die fünfziger Jahre hat sich die Messe selbst von der biederen nüchteren Aneinanderreihung von Zweirädern – was zweifellos der damaligen Form einer Motorradmesse entsprach – zur Rundumunterhaltung gewandelt. Die Informationsflut hat aber keineswegs darunter gelitten, denn ein Tag auf der Intermot garantiert die Ausbeute von mehreren Kilogramm Prospekten, Autogrammkarten, Aufklebern und Zeitschriften, je nachdem, wie intensiv man zugreift.

Stuntshow mit dem C 1-Roller während der Intermot 2002

Weitere Bücher unseres Verlages

Fordern Sie unser Gesamtverzeichnis an mit Büchern über **Autos**, **Motorräder**, **Lastwagen**, **Traktoren**, **Feuerwehrfahrzeuge**, **Baumaschinen** und **Lokomotiven**:

Verlag Podszun Motorbücher GmbH
Elisabethstraße 23-25, 59929 Brilon
Telefon 02961-53213, Fax 02961-9639900
Email info@podszun-verlag.de
www.podszun-verlag.de

Die deutschen Motorräder der fünfziger Jahre. Damals gab es mehr als 40 Marken, heute produzieren nur noch Hercules und BMW. Ein beeindruckender Bildband und zugleich ein verlässliches Nachschlagewerk für alle Liebhaber von Motorrädern. Völlig überarbeitete und ergänzte Sonderausgabe des erstmals 1985 erschienenen Buches.

144 Seiten, 380 Abb.
28x21 cm, fester Einband
Bestellnummer **377**
EUR **19,90**

Folgeband des Buches „Hilfsmotoren, Stadtrutscher und Mopedträume" mit anderen Herstellern und Fabrikaten. Es geht um jene Zweiräder, mit denen Jugendliche und Erwachsene erstmals am Verkehr teilnahmen: Mofas, Mopeds, Roller und Fahrräder mit Hilfsmotor.

144 Seiten
280 Abbildungen
17 x 24 cm
Leinenbroschur
Bestellnummer **392**
EUR **14,90**

Eine Typologie der BMW-Motorräder mit vielen erstmals veröffentlichten Abbildungen und allen technischen Daten

144 Seiten, 285 Abbildungen
28 x 22 cm, fester Einband
Bestellnummer **210** EUR **19,90**

Erstmals werden die Fahrrad- und Hilfsmotoren deutscher Produktion der letzten 100 Jahre umfassend dargestellt

144 Seiten, 285 Abbildungen
28 x 22 cm, fester Einband
Bestellnummer **320** EUR **14,90**

Tiger, Spatz, Isetta & Co: Kaum zu glauben,was sich damals auf unseren Straßen so alles bewegt hat...

144 Seiten, 305 Abbildungen
28 x 22 cm, fester Einband
Bestellnummer **136** EUR **19,90**

In chronologischer Folge werden hier die wichtigsten deutschen Autos aller Zeiten dokumentiert.

144 Seiten, 345 Abbildungen
28 x 22 cm, fester Einband
Bestellnummer **319** EUR **19,90**

Anhand der wichtigsten Marken und deren Typen wird die deutsche Motorradgeschichte mit vielen Abbildungen, Informationen und allen relevanten technischen Daten nachgezeichnet.

144 Seiten
380 Abbildungen
28 x 22 cm
fester Einband
Bestellnummer **393**
EUR **19,90**

- Neuheiten
- Die KTM-Story
- Kleinroller
- Europameister Heiner Fleischmann
- Airone von Motoguzzi
- Gespannstraßensport – die Ära von BMW
- Der Golem-Roller von DKW
- Motorradbremsen
- In der Audi-Box vor dem Rennen

144 Seiten, 295 Abb.
17x24 cm, Broschur
Bestellnummer **363**
EUR **14,90**

Neuheiten, 125er Rennfox, Zweiradfahrzeuge der Post, Spandauer Springböcke u.a.

144 Seiten, 290 Abb.
17x24 cm, Leinenbroschur
Bestellnummer **302** EUR **14,90**

Neuheiten, Horex, Steib, Motorräder 1930, NSU-Rekordmaschine, Ducati u.a.

144 Seiten, 288 Abb.
17x24 cm, Leinenbroschur
Bestellnummer **266** EUR **14,90**

- Neuheiten
- NSU Motorräder 1945 bis 1963
- Klein aber fein: Express
- Dreizylinder DKW-Rennmaschinen
- Vor 50 Jahren: Weltmeister und Weltrekorde
- Alfred „Bill" Lehner: Dreifacher Deutscher Meister
- Vom Hilfsmotor zum Moped
- Fusionen nach '55

144 Seiten, 295 Abb.
17x24 cm, Broschur
Bestellnummer **335**
EUR **14,90**

Neuheiten, Münch, Puch, Opel, Die erste NSU, Sachs, Anfänge von Ardie u.a.

144 Seiten, 281 Abb.
17x24 cm, Leinenbroschur
Bestellnummer **251** EUR **14,90**

Neuheiten, Tornax Rex, Ardie BZ 350, Kleinmotoren, Victoria 1957, Kreidler u.a.

144 Seiten, 285 Abb.
17x24 cm, Leinenbroschur
Bestellnummer **225** EUR **14,90**

Die komplette Geschichte der berühmten Marke Victoria mit allen Typen und vielen bislang unbekannten Daten und Fotos.

128 Seiten, 264 Abbildungen
28 x 22 cm, fester Einband
Bestellnummer **262** EUR **19,90**

Rund 100 Moped-Marken werden vorgestellt mit ihren zum Teil kuriosen Typen aus der Zeit von 1948 bis 1960

144 Seiten, 290 Abbildungen
28 x 22 cm, fester Einband
Bestellnummer **210** EUR **19,90**

Ardie, Express, Hecker, Hercules, Mars, Sachs, Steib, Triumpf, Victoria, Zündapp und viele andere: Insgesamt 77 Hersteller werden mit vielen Bildern und allen wichtigen Daten dokumentiert

136 Seiten
244 Abbildungen
28 x 22 cm
fester Einband
Bestellnummer **299**
EUR **19,90**

HERCULES